普通高等教育“十三五”规划教材
高等院校计算机系列教材

面向对象程序设计C++实验教程

陈业纲　编著

华中科技大学出版社
中国·武汉

内容简介

本书共分 15 章，具体内容包括函数的调用和基本输入/输出、控制语句、指针与数组、类的继承和派生、组合、虚函数、链表、运算符重载、模板、文件读/写、异常、多线程、C/S 模型、与数据库链接、综合实例。

本书可作为应用型本科专业教学的实验教程，也可作为计算机爱好者自学参考。

图书在版编目(CIP)数据

面向对象程序设计 C++实验教程/陈业纲编著. —武汉：华中科技大学出版社，2020.6
ISBN 978-7-5680-5954-1

Ⅰ. ①面…　Ⅱ. ①陈…　Ⅲ. ①C++语言－程序设计－高等学校－教材　Ⅳ. ①TP312.8

中国版本图书馆 CIP 数据核字(2020)第 083354 号

面向对象程序设计 C++实验教程　　陈业纲　编著
Mianxiang Duixiang Chengxu Sheji C++ Shiyan Jiaocheng

策划编辑：范　莹　杜　雄
责任编辑：陈元玉
封面设计：原色设计
责任监印：徐　露
出版发行：华中科技大学出版社（中国·武汉）　电话：（027）81321913
武汉市东湖新技术开发区华工科技园　邮编：430223
录　　排：华中科技大学惠友文印中心
印　　刷：北京虎彩文化传播有限公司
开　　本：787mm×1092mm　1/16
印　　张：16.25
字　　数：392 千字
版　　次：2020 年 6 月第 1 版第 1 次印刷
定　　价：42.00 元

前　　言

对于刚学习 C++语言的读者，特别是准备使用 C++语言编写程序的学生，以及使用 C++语言开发项目的程序员来说，一本具有丰富实例和详细解答的指导书是必不可少的。本书精心选择了 15 个实例，主要针对 C++的面向对象程序设计部分给出了实际应用中常见问题的解决方案和解决模式。

本书共分 15 章，具体内容包括函数的调用和基本输入/输出、控制语句、指针与数组、类的继承和派生、组合、虚函数、链表、运算符重载、模板、文件读/写、异常、多线程、C/S 模型、与数据库链接、综合实例。

本书的实验力求自成体系。每个实验都是一个完整的小项目，且尽量求简。通过简单的编程实现直接反映 C++的应用技巧，把复杂的理论介绍化简为零，分布在各个实例中，读者从中可以体会到 C++的灵活机制和强大的功能。书中的程序均在 Visual Studio Code 环境下调试通过，并给出运行结果。

本书在编写过程中参考了部分院校 C++项目开发的相关资料、文献，以及百度文库，同时采纳了兄弟院校同行所提出的宝贵意见和建议，在此一并表示感谢。

本书可作为应用型本科专业教学的实验教程，也可作为计算机爱好者自学参考。

读者系统学完本书，能积累（1.5~2）万行代码量，这是一个足以使读者找到专业之门的数据。由于笔者水平有限，错误之处在所难免，敬请读者批评指正。在阅读本书的过程中，若有问题，请发 E-mail 至 20060039@yznu.cn。

编　者

2019 年 12 月

目　　录

第 1 章　函数的调用和基本输入/输出

实验目的：

（1）熟悉 C++程序的函数；

（2）熟悉系统设计的思路；

（3）掌握程序的书写规范。

实验重难点：

（1）C++的 cout、cin 用法；

（2）程序的书写规范。

1.1　基础知识

C++的输入/输出（I/O）发生在流中，流是字节序列。如果字节流是从设备（如键盘、磁盘驱动器、网络连接等）流向内存，则称为输入操作。如果字节流是从内存流向设备（如显示屏、打印机、磁盘驱动器、网络连接等），则称为输出操作。

在 C++编程中，重要的头文件的函数与功能描述如表 1-1 所示。

表1-1　头文件的函数与功能描述

头文件	函数与功能描述
<iostream>	该文件定义了 cin、cout、cerr 和 clog 对象，分别对应于标准输入流、标准输出流、非缓冲标准错误流和缓冲标准错误流
<iomanip>	该文件通过所谓的参数化的流操纵器（如 setw 和 setprecision）来声明对执行标准化 I/O 有用的服务
<fstream>	该文件为用户控制的文件处理声明服务。我们将在文件和流的相关章节讨论它的细节

1.2　C++中常见的四种流

1.标准输出流

预定义的对象 cout 是 iostream 类的一个实例。cout 对象连接到标准输出设备，通常是显示屏。cout 是与流插入运算符<<结合使用的。

2.标准输入流

预定义的对象 cin 是 iostream 类的一个实例。cin 对象通常用于标准输入设备，一般是键盘。cin 是与流提取运算符>>结合使用的。

3.非缓冲标准错误流

预定义的对象 cerr 是 iostream 类的一个实例。cerr 对象通常附加到标准错误设备，一般也为显示屏，但是 cerr 对象是非缓冲的，且每个流插入 cerr 都会立即输出。cerr 也是与流插入运算符<<结合使用的。

4.缓冲标准错误流

预定义的对象 clog 是 iostream 类的一个实例。clog 对象通常附加到标准错误设备，一般也为显示屏，但是 clog 对象是缓冲的。这意味着每个流插入 clog 都会先存储在缓冲区，直到缓冲区填满或缓冲区刷新时才会输出。clog 也是与流插入运算符<<结合使用的。

1.3 实验内容

1.打鱼晒网系统的设计

渔民一般三天打鱼，两天晒网，假定从 1900 年 1 月 1 日开始打鱼，问今天是打鱼还是晒网？其代码如下：

```
#include <iostream>
using namespace std;
int m[13]={0,31,28,31,30,31,30,31,31,30,31,30,31};
int isLeapYear(int year)
{
    if(year%4==0&&year%100!=0||year%400==0)
        return 1;
    else
        return 0;

}
int totalYearDay(int year)
{
    int sum=0;
    for(int i=1900;i<year;i++)
    {
        sum+=365;
        if(isLeapYear(i))
            sum++;
```

```
    }
    return sum;
}
int totalMonthDay(int year,int month)
{
    int sum=0;
    for(int i=1;i<month;i++)
    {
        sum+=m[i];
        if(isLeapYear(year)&&i==2)
            sum++;
    }
    return sum;
}
int totalDay(int year,int month,int day)
{
    int sum=0;
    sum=day+totalMonthDay(year,month)+totalYearDay(year);
    return sum;
}
int remainder(int year,int month,int day)
{
    int r=0;
    r=totalDay(year,month,day)%5;
    return r;
}
int print(int r)
{
    if(r>0&&r<4)
        cout<<"sun net"<<endl;
    else
        cout<<"sun net"<<endl;
    return 0;
}
int main()
{
    int year,month,day;
    cin>>year>>month>>day;
```

```
    print(remainder(year,month,day));
    return 0;
}
```

2.菜单系统的设计

菜单系统的设计代码如下：

```
#include <iostream.h>
#include <string.h>
#include <stdio.h>
void booking()
{
    cout<<"welcome to booking a ticket!"<<endl;
    cout<<"thank you very much!"<<endl;
    cout<<"we will provide you with excellent service"<<endl;
    cout<<" 0 return to the parent menu"<<endl;
    int i=1;
    while(1)
    {
        cout<<"please press the key(0)";
        cin>>i;
        if(i==0)
        {
            cout<<"0 return to the parent menu"<<endl;
            break;
        }
    }
}

void refunding()
{
    cout<<"welcome to refunding a ticket!"<<endl;
    cout<<"anytime!"<<endl;
    cout<<"we will provide you with excellent service"<<endl;
    cout<<" 0 return to the parent menu"<<endl;
    int i=1;
    while(1)
    {
        cout<<"please press the key(0)";
```

```
        cin>>i;
        if(i==0)
        {
            cout<<"0 return to the parent menu"<<endl;
            break;
        }
    }
}
void watchinformation()
{
    cout<<"welcome to airline ticketing information"<<endl;
    cout<<"anytime!"<<endl;
    cout<<"we will provide you with excellent service"<<endl;
    cout<<" 0 return to the parent menu"<<endl;
    int i=1;
    while(1)
    {
        cout<<"please press the key(0)";
        cin>>i;
        if(i==0)
        {
            cout<<" 0 return to the parent menu"<<endl;
            break;
        }
    }
}

void browseticket()
{
    cout<<"welcome to browse a ticket information!"<<endl;
    cout<<"anytime!"<<endl;
    cout<<"we will provide you with excellent service"<<endl;
    cout<<" 0 return to the parent menu"<<endl;
    int i=1;
    while(1)
    {
        cout<<"please press the key(0)";
        cin>>i;
```

```
        if(i==0)
        {
            cout<<" 0 return to the parent menu"<<endl;
            break;
        }
    }
}

void modifyinformation()
{
    cout<<"you can change the airline information!"<<endl;
    cout<<"anytime!"<<endl;
    cout<<"we will provide you with excellent service"<<endl;
    cout<<" 0 return to the parent menu"<<endl;
    int i=1;
    while(1)
    {
        cout<<"please press the key(0)";
        cin>>i;
        if(i==0)
        {
            cout<<" 0 return to the parent menu"<<endl;
            break;
        }
    }
}
void manageinformation()
{
    int i=1;
    while(1)
    {
        cout<<endl<<endl;
        cout<<"Airline information:"<<endl<<endl;
        cout<<" 1 booking a ticket(end in put if flight number is zero)"<<endl;
        cout<<" 2 refunding a ticket"<<endl;
        cout<<" 3 watch information of airline!"<<endl;
        cout<<" 4 search airline information!"<<endl;
        cout<<" 5 modify airline information!"<<endl;
```

```
        cout<<" 0 return to main menu!"<<endl;
        cout<<"please choice(0~4)";
        cin>>i;
        cout<<endl;
        if(i>=0&&i<=5)
        {
            switch(i)
            {
                case 1:booking();break;
                case 2:refunding();break;
                case 3:watchinformation();break;
                case 4:browseticket();break;
                case 5:modifyinformation();break;
                default:
                    cout<<"thank you, cu!"<<endl;
            }
        }
            else
                cout<<"press key error!"<<endl;
                cout<<endl;
        }
    }
void manageinformation1()
{
    int i=1;
    while(1)
    {
        cout<<endl<<endl;
        cout<<"Airline information:"<<endl<<endl;
        cout<<" 1 booking a ticket(end in put if flight number is zero)"<<endl;
        cout<<" 2 refunding a ticket"<<endl;
        cout<<" 3 watch information of airline!"<<endl;
        cout<<" 4 search airline information!"<<endl;
        cout<<" 0 return to main menu!"<<endl;
        cout<<"please choice(0~4)";
        cin>>i;
        cout<<endl;
        if(i>=0&&i<=4)
```

```
        {
            switch(i)
            {
                case 1:booking();break;
                case 2:refunding();break;
                case 3:watchinformation();break;
                case 4:browseticket();break;default:
                    cout<<"thank you, cu!"<<endl;

            }
        }
        else
            cout<<"press key error!"<<endl;
            cout<<endl;
        }
    }
void main()
{
    int j=1;
    while(j)
    {
        cout<<endl<<endl<<endl;
        cout<<"$-------------------------------------$"<<endl;
        cout<<"|                                     |"<<endl;
        cout<<"|      Welcome to Airline System      |"<<endl;
        cout<<"|              author:cyg             |"<<endl;
        cout<<"$-------------------------------------$"<<endl;
        cout<<"if you are a administrator,please press key 1,others press 2:";
        cin>>j;
        if(j>=1&&j<=2)
        {
            switch(j)
            {
                case 1:
                    {
                        char f[]="888888";
                        printf("please enter string end with return!");
                        scanf("%s",f);
```

```
                if(strcmp(f,"888888")==0)
                    manageinformation();
                else
            cout<<"error password!,please resume load"<<endl;
            };break;
        case 2:
            {
                cout<<"^_^ client can watch and browse airline"<<endl;
                    manageinformation1();
            };break;
    }
   }
  }
}
```

第2章　控制语句

实验目的：

（1）熟练掌握分支控制语句：if 语句和 switch 语句；

（2）掌握三种循环语句：for 循环语句、while 循环语句和 do-while 循环语句；

（3）熟悉 goto 语句；

（4）掌握 break、continue 语句。

实验重难点：

（1）各种流程控制语句的嵌套使用，包括 if-else 语句的嵌套、分支语句的嵌套与循环语句的嵌套等；

（2）循环语句和 break、continue 语句的组合使用。

2.1　基础知识

1.if 语句

if 语句又称条件语句，其基本形式如下：

```
if(表达式)
    语句 1;
else
    语句 2;
```

其中：表达式表示条件表达式，可以是 C++中任意的合法表达式，如算术表达式、关系表达式、逻辑表达式或逗号表达式等。若表达式的值为 0，则为“假”；若表达式的值非 0，则为“真”。语句 1、语句 2 表示内嵌语句，可以是单一语句、复合语句或者空语句，在语法上各自表现为一条语句。

2.switch 语句

switch 语句的一般形式如下：

```
switch(表达式) {
case 常量表达式 1:
    语句;
…
case 常量表达式 n:
    语句;
```

```
default:
    语句;
}
```

switch 语句的执行过程为：首先，计算表达式的值；然后，将结果的值依次与每个常量表达式的值进行匹配（常量表达式的值的类型必须与表达式的值的类型相同）。如果匹配成功，则执行该常量表达式后的语句系列。当遇到 break 时，则立即结束 switch 语句的执行；否则，顺序执行到花括号中的最后一条语句。default 情形是可选的，如果没有常量表达式的值与表达式的值匹配，则执行 default 后的语句系列。需要注意的是，表达式的值的类型必须是字符型或整型。

3.循环语句

C++语言提供的循环类型及其功能描述如表 2-1 所示。点击链接可查看每个类型的细节。

表2-1　C++语言提供的循环类型及其功能描述

循环类型	功能描述
while 循环	当给定条件为真时，重复语句或语句组。它会在执行循环主体之前测试条件
for 循环	多次执行一个语句序列，简化管理循环变量的代码
do…while 循环	除是在循环主体结尾测试条件外，其他功能与 while 语句的功能类似
嵌套循环	在 while、for 或 do…while 循环内使用一个或多个循环

循环控制语句会更改执行的正常序列。当执行离开一个范围时，所有在该范围中创建的对象都会被自动销毁。

C++语言提供的控制语句及其功能描述如表 2-2 所示。点击链接可查看每条语句的细节。

表2-2　C++语言提供的控制语句及其功能描述

控制语句	功能描述
break 语句	终止 loop 语句或 switch 语句，程序流将继续执行紧接着 loop 或 switch 的下一条语句
continue 语句	引起循环跳过主体的剩余部分，立即重新开始测试条件
goto 语句	将控制转移到被标记的语句，但是不建议在程序中使用 goto 语句

2.2　实验内容

万年历的设计代码如下：

```
#include <iostream.h>
#include <iomanip.h>
char md[13]={0,31,28,31,30,31,30,31,31,30,31,30,31};
```

```
char *wk[]={"Sunday","Monday","Tuesday","Wednesday","Thurday",
   "Friday","Saturday"};
int isLeapyear(int year)
{
    if(year%4==0&&year%100!=0||year%400==0)
        return 1;
    else
        return 0;
}

int countdays(int year)
{
    int flag,yeardays;
    int alldays=0;
    for(int i=1980;i<year;i++)
    {
        flag=isLeapyear(year);
        if(flag)
            yeardays=366;
        else
            yeardays=365;
        alldays+=yeardays;
    }
    return alldays;
}

int monthdays(int year,int month)
{
    int days;
    days=md[month];
    if(isLeapyear(year)==1&&month==2)
        days++;
    return days;
}
void dispyear()
{
    int  year,i,j,t,k;
    cout<<"\nenter number of year:";
```

```
    cin>>year;
    t=(countdays(year)%7+2)%7;
    for(k=1;k<12;k++)
    {
        cout<<endl;
        cout<<setw(6)<<"日"<<setw(6)<<"一"<<setw(6)<<"二"<<setw(6)<<
            "三"<<setw(6)<<"四"<<setw(6)<<"五"<<setw(6)<<"六"<<endl;
        for(i=1;i<=monthdays(year,1);i++)
        {
            if(i==1)
            {
                for(j=0;j<t;j++)
                {
                    cout.width(6);
                    cout<<" ";
                }
            }
            cout.setf(ios::right);
            cout.width(6);
            cout<<i;
            if((i+t)%7==0)
                cout<<endl;
        }
        t=(t+monthdays(year,k)%7)%7;
        cout<<endl;
        }
    }

void dispday()
{
    int year,month,day,w=0;
    cout<<"\n enter year:";
    cin>>year;
    cout<<"\n enter month:";
    cin>>month;
    cout<<"\n enter day:";
    cin>>day;
```

```
w=year>0?(5+(year+1)+(year-1)/4-(year-1)/100+(year-1)/400)%7:
     (5+year+year/4-yea r/100+year/400)%7;
w=month>2?(w+2*(month+1)+3*(month+1)/5)%7:(w+2*(month+2)+
    3*(month+2)/5)%7;
    if(isLeapyear(year)==1&&month>2)
    w=(w+1)%7;
    w=(w+day)%7;
    cout<<wk[w];
    cout<<endl;
}
int main()
{
    int i=1;
    cout<<endl<<endl;
    cout<<"$                                    $"<<endl;
    cout<<"|                                    |"<<endl;
    cout<<"|   Welcome to Calendar system       |"<<endl;
    cout<<"|            author:cyg              |"<<endl;
    cout<<"$                                    $"<<endl;
    while(i)
    {
        cout<<endl<<endl;
        cout<<"please choice inquire content"<<endl;
        cout<<" 1 display ayear"<<endl;
        cout<<" 2 display a day's detail"<<endl;
        cout<<" 0 return  "<<endl;
        cout<<"please choice(0~2)";
        cin>>i;
        cout<<endl;
        if(i>=0&&i<=3)
        {
        switch(i)
        {
            case 1:dispyear();break;
            case 2:dispday();break;

            }
```

```
        }
        else
            cout<<"error press,please rechoice"<<endl;
            cout<<endl;
    }
    return 0;
}
```

第3章　指针与数组

实验目的：

（1）掌握一维数组和二维数组的定义、赋值，以及输入/输出的方法；

（2）掌握字符数组和字符串函数的使用；

（3）通过实验进一步掌握指针的概念，理解如何使用指针变量；

（4）正确使用数组的指针和指向数组的指针变量；

（5）正确使用字符串的指针和指向字符串的指针变量；

（6）正确使用引用型变量。

实验重难点：

（1）字符串的处理；

（2）指针数组和数组指针；

（3）指针函数和函数指针。

3.1　基础知识

数组和指针是两种不同的类型，数组有确定数量的元素，而指针只是一个标量值。数组可以在某些情况下转换为指针，当数组名在表达式中使用时，编译器会把数组名转换为一个指针常量，即数组中的第一个元素的地址，类型就是数组元素的地址类型，如：

```
int a[5]={0,1,2,3,4};
```

数组名 a 若出现在表达式中，如 int *p=a;，那么它就转换为第一个元素的地址，等价于：

```
int *p=&a[0];
```

又如：

```
int aa[2][5]={0,1,2,3,4,5,6,7,8,9};
```

数组名 aa 若出现在表达式中，如 int (*p)[5]=aa;，那么它就转换为第一个元素的地址，等价于：

```
int (*p)[5]=&aa[0];
```

在两种场合下，数组名不使用指针常量来表示，也就是当数组名作为 sizeof 操作符或单目操作符&的操作数时，sizeof 返回整个数组的长度，使用的是其类型信息，而不是地址信息，也不是指向数组的指针的长度。获取一个数组名的地址，所产生的是一个指向数组的指针，而不是指向某个指针常量值的指针。

如对数组 a，&a 表示的是指向数组 a 的指针，类型是 int(*) [5]，因此 int *p=&a;是不对的，因为右边是一个整型数组的指针 int (*)[5]，而 p 是一个整型指针 int *;。

数组的 sizeof 问题会在下面讨论。

3.2 数组与指针的下标引用

若已定义 int a[5]={0,1,2,3,4};，则 a[3]表示数组 a 中的第四个元素。那么下标的本质是什么？本质就是*(a+3)这样的一个表达式。当然，表达式中必须包含有效的数组名或指针变量。

3.3 数组和指针的定义与声明

数组和指针的定义与声明必须保持一致，不能一个地方定义的是数组，另外一个地方声明的是指针。

首先解释数组名的下标引用和指针的下标引用。从访问的方式来讲，它们是不完全相同的。如：

```
int a[5]={0,1,2,3,4};
int *p=a;
```

a[3]和 p[3]都会解析成*(a+3)和*(p+3)，但实质是不一样的。

对于 a[3]，也就是*(a+3)：

（1）把数组名 a 代表的数组首地址与 3 相加，得到要访问的数据的地址。这里请注意，数组名 a 直接被编译成数组的首地址。

（2）访问这个地址，取出数据。

对于 p[3]，也就是*(p+3)：

（1）从 p 代表的地址单元里取出内容，也就是数组首地址，指针名 p 代表的是指针变量的存储地址，变量的地址单元里存放的才是数组的首地址。

（2）把取出的数组首地址与 3 相加，得到要访问的数据的地址。

（3）访问这个地址，取出数据。

3.4 数组和指针的 sizeof 问题

数组的 sizeof 就是数组的元素个数乘以元素大小；而指针的 sizeof 全都一样，都是地址类型，在 32 位机器上，一个指针的 sizeof 是 4 个字节。

3.5　数组作为函数参数

当数组作为函数参数传入时，数组退化为指针，类型是第一个元素的地址类型。“数组名被改写成一个指针参数”这个规则并不是递归定义的。数组的数组会被改写为“数组的指针”，而不是“指针的指针”。

3.6　实验内容

利用数组实现职工管理系统的代码如下：

```
#include <iostream.h>
#include <stdlib.h>
#include <string.h>
#include <stdio.h>

class Staff
{
   public:
       char name[10];
       char no[5];
       char department[10];
       int money;
       char work[10];
Staff()
{
   name[0]='0';
   no[0]='0';
   department[0]='0';
   money=0;
   work[0]='0';
}
Staff(char *name1,char *no1,char *department1,int money1,char *work1)
{  strcpy(name,name1);
   strcpy(no,no1);
   strcpy(department,department1);
   money=money1;
   strcpy(work,work1);
}
```

```
~Staff()
{}
class Company
{
   public:
      int count;
      int add[30];
      Staff *Sta;

      Company::Company()
      {
         count=0;
         for(int i=0;i<30;i++)
         {
            add[i]=0;
         }
      };

   ~Company()
   {
      delete[] Sta;
   }
   bool AddStaff(char *name,char *no,char *dep,int money,char *work)
      {
         Staff *ptr;
         ptr=new Staff(name,no,dep,money,work);
         for(int i=0;i<count;i++)
         {
            Sta=(Staff*)add[i];
            if(strcmp(Sta->no,no)==0)
            {
               cout<<"Exist,don't append"<<endl;
               return false;
            }
         }
         if(count<30&&i==count)
         {
```

```
                add[count]=(int)ptr;
                count++;
                cout<<"success append"<<endl;
                return true;

            }
            else
                return false;
        }
    bool DeleteStaff(char *no)
    {
        for(int i=0;i<count;i++)
        {
            Sta=(Staff*)add[i];
            if(strcmp(Sta->no,no)==0)
            {
                int j=1;
                for(j;j<count;j++)
                    add[j]=add[j+1];
                cout<<"the staff has been deleted"<<endl;
                count--;
                return true;
            }
        }
        if(i==count)
        {
            cout<<"the staff has not been find,do not delete"<<endl;
            return false;
        }
        return false;
    }
    bool FindStaff(char *no)
    {
        for(int i=0;i<count;i++)
        {
            Sta=(Staff*)add[i];
            if(strcmp(Sta->no,no)==0)
            {
```

```
            cout<<"find the staff"<<endl;

        cout<<Sta->name<<'\t'<<Sta->no<<'\t'<<Sta->department<<'\t'<<
            Sta->money<<'\t'<<Sta->work<<endl;
                return true;
            }
            if(i==count)
            {
                cout<<"No find"<<endl;
                return false;
            }
        }
            return false;
    }
    void DispAll()
    {
        cout<<"name"<<"\tNumber"<<"\t
            Depart"<<"\tsalary"<<"\tposition"<<endl;
        for(int i=0;i<count;i++)
        {
            Sta=(Staff*)add[i];

        cout<<Sta->name<<'\t'<<Sta->no<<'\t'<<Sta->department<<'\t'<<
            Sta->money<<'\t'<<Sta->work<<endl;
        }
    }

    };

    void main()
    {
        Company ny;
        int sel=1;
        char name[10];
        char no[5];
        char department[10];
        int money;
        char work[10];
```

```
cout<<endl<<endl;
cout<<"$---------------------------------------$"<<endl;
cout<<"|                                       |"<<endl;
cout<<"|      Welcome to company system        |"<<endl;
cout<<"|                                       |"<<endl;
cout<<"$---------------------------------------$"<<endl;
while(sel)
{
   cout<<"please choice your operation"<<endl;
   cout<<" 1 add staff"<<endl;
   cout<<" 2 find staff"<<endl;
   cout<<" 3 delete staff"<<endl;
   cout<<" 4 display all"<<endl;
   cout<<" 0 exit"<<endl;
   cout<<"please choice(0~4)";
   cin>>sel;
   cout<<endl;
   if(sel>=0&&sel<=4)
   {
     switch(sel)
     {
     case 1:
         cout<<"enter name:";
            cin>>name;
         cout<<endl;
         cout<<"enter no:";
            cin>>no;
         cout<<endl;
         cout<<"enter department";
            cin>>department;
         cout<<endl;
         cout<<"enter money";
            cin>>money;
         cout<<endl;
         cout<<"enter work";
            cin>>work;
         cout<<endl;
         ny.AddStaff(name,no,department,money,work);
```

```
            break;

        case 2:
            cout<<"please enter the number of staff";
                cin>>no;
            cout<<endl;
            ny.FindStaff(no);
            break;
        case 3:
            cout<<"diaplay all staff"<<endl;
            ny.DispAll();
            break;

        case 4:
            cout<<"please enter the number of staff to be deleted";
                cin>>no;
            cout<<endl;
            ny.DeleteStaff(no);
            break;
        }
      }
    else
    {
        cout<<"error,please reenter"<<endl;
        break;
      }
    }
}
```

第4章　链表

实验目的：

（1）掌握线性表的链式存储结构；

（2）掌握单链表的有关算法设计；

（3）掌握根据具体问题设计合理的表示数据的链式存储结构及相关算法。

实验重难点：

（1）单链表的使用；

（2）双链表的使用。

4.1　基础知识

数组式计算机根据事先定义好的数组类型与长度自动为其分配一个连续的存储单元，相同数组的位置和距离都是固定的，也就是说，任何一个数组元素的地址都可用一个简单的公式计算出来。因此，这种结构可以有效地对数组元素进行随机访问。但若对数组元素进行插入和删除操作，则会引起大量数据的移动，从而使简单的数据处理变得非常复杂、低效。

为了能有效解决这些问题，一种称为“链表”的数据结构获得了广泛应用。

1.链表概述

链表是一种动态数据结构，其特点是使用一组任意的存储单元（可以是连续的，也可以是不连续的）存放数据元素。

链表中的每一个元素称为“节点”，每个节点都是由数据域和指针域组成的，每个节点中的指针域指向下一个节点。head 是“头指针”，表示链表的开始，用来指向第一个节点，而最后一个指针的指针域为 NULL（空地址），表示链表的结束。

可以看出链表结构必须利用指针才能实现，即一个节点中必须包含一个指针变量，用来存放下一个节点的地址。

实际上，链表中的每个节点都可以使用若干个数据和若干个指针。节点中只有一个指针的链表称为单链表，这是最简单的链表结构。

在 C++中实现一个单链表结构比较简单。例如，可定义单链表结构的最简单形式如下：

```
struct Node
{
```

```
    int Data;
    Node*next;
};
```

这里用到了结构体类型。其中，*next 表示指针域，用来指向该节点的下一个节点；Data 表示一个整型变量，用来存放节点中的数据。当然，Data 可以是任意数据类型，包括结构体类型或类类型。

在此基础上，我们再定义一个链表类 list，其中包含链表节点的插入、删除、输出等功能的成员函数，代码如下：

```
class list
{
    Node*head;
    public:
    list(){head=NULL;}
        void insertlist(int aDate,int bDate);    //链表节点的插入
        void Deletelist(int aDate);              //链表节点的删除
        void Outputlist();                       //链表节点的输出
        Node*Gethead(){return head;}
};
```

2.链表节点的访问

由于链表中的各个节点是由指针链接在一起的，而存储单元在内存中是连续的，因此，对于其中任意节点的地址，无法像数组一样用一个简单的公式计算出来，并进行随机访问。只能从链表的头指针（即 head）开始，用一个指针 p 先指向第一个节点，然后根据节点 p 找到下一个节点。依此类推，直至找到所要访问的节点或到最后一个节点（指针为空）为止。

下面给出上述链表的输出函数：

```
void list::outputlist()
{
    Node*current=head;
    while(current!=NULL)
    {
        cout<<current->Data<<" ";
        current=current->next;
    }
    cout<<endl;
}
```

3.链表节点的插入

如果要在链表的节点 a 之前插入节点 b，则需要考虑下面几种情况。

（1）插入前，链表是一个空表，这时插入新节点b后。

（2）若a是链表的第一个节点，则插入后，节点b为第一个节点。

（3）若链表中存在a，且不是第一个节点，则首先要找出a的上一个节点a_k，然后使a_k的指针域指向b，再令b的指针域指向a，即可完成插入。

（4）如果链表中不存在a，则插在最后。先找到链表的最后一个节点a_n，然后使a_n的指针域指向节点b，而b指针的指针为空。

以下是链表类的节点插入函数，显然，该函数也具有建立链表的功能。

```
void list::insertlist(int aDate,int bDate)
//设aDate是节点a中的数据，bDate是节点b中的数据
{
    Node*p,*q,*s;                    //p指向节点a，q指向节点a_k，s指向节点b
    s=(Node*)new(Node);              //动态分配一个新节点
    s->Data=bDate;                   //设b为此节点
    p=head;
    if(head==NULL)                   //若是空表，则使b作为第一个节点
    {
        head=s;
        s->next=NULL;
    }
    else if(p->Data==aDate)          //若a是第一个节点
    {
        s>next=p;
        head=s;
    }
    else
    {
        while(p->Data!=aDate&&p->next!=NULL)     //查找节点a
        {
            q=p;
            p=p->next;
        }
        if(p->Data==aDate)           //若有节点a
        {
            q->next=s;
            s->next=p;
        }
        else                         //若没有节点a
        {
```

```
            p->next=s;
            s->next=NULL;
        }
    }
}
```

4.链表节点的删除

如果要在链表中删除节点 a 并释放被删除的节点所占用的存储空间，则需要考虑下列几种情况。

（1）若要删除的节点 a 是第一个节点，则将 head 指向 a 的下一个节点。

（2）若要删除的节点 a 存在于链表中，但不是第一个节点，则应使 a 获得上一个节点 a_k−1 的指针域并指向 a 的下一个节点 a_k+1。

（3）若空表或要删除的节点 a 不存在，则不做任何改变。

以下是链表类的节点删除函数：

```
void list::deletelist(int aDate)  //设 aDate 是要删除的节点 a 中的数据成员

{
    Node*p,*q;                    //p 用于指向节点 a,q 用于指向节点 a 的前一个节点
    p=head;
    if(p==NULL)                   //若是空表
        return;
    if(p->Data==aDate)            //若 a 是第一个节点
    {
        head=p->next;
        delete p;
    }
    else
    {
        while(p->Data!=aDate&&p->next!=NULL)    //查找节点 a
        {
            q=p;
            p=p->next;
        }
        if(p->Data==aDate)                      //若有节点 a
        {
            q->next=p->next;
            delete p;
        }
```

```
    }
}
```

4.2　实验内容

链表的13种基本操作主要包括创建一个单链表、销毁一个单链表、遍历线性表、获取线性表长度、判断单链表是否为空、查找节点、在尾部插入指定的元素、在指定位置插入指定元素、在头部插入指定元素、在尾部删除元素、删除所有数据、删除指定的数据、在头部删除节点。代码如下：

```
#include "stdafx.h"
#include <iostream>
using namespace std;

typedef int DataType;
#define Node ElemType
#define ERROR NULL

//构建一个节点类
class Node
{
public:
    int data;       //数据域
    Node *next;     //指针域
};

//构建一个单链表类
class LinkList
{
    public:
    LinkList();                                     //创建一个单链表
    ~LinkList();                                    //销毁一个单链表
    void CreateLinkList(intn);                      //创建一个单链表
    void TravalLinkList();                          //遍历线性表
    int GetLength();                                //获取线性表长度
    bool IsEmpty();                                 //判断单链表是否为空
    ElemType *Find(DataType data);                  //查找节点
    void InsertElemAtEnd(DataType data);            //在尾部插入指定的元素
```

```
    void InsertElemAtIndex(DataType data,intn);//在指定位置插入指定元素
    void InsertElemAtHead(DataType data);      //在头部插入指定元素
    void DeleteElemAtEnd();                    //在尾部删除元素
    void DeleteAll();                          //删除所有数据
    void DeleteElemAtPoint(DataType data);     //删除指定的数据
    void DeleteElemAtHead();                   //在头部删除节点
private:
    ElemType *head;                            //头节点
};

//初始化单链表
LinkList::LinkList()
{
    head = new ElemType;
    head->data = 0;         //将头节点的数据域定义为 0
    head->next = NULL;      //头节点的下一个定义为 NULL
}

//销毁单链表
LinkList::~LinkList()
{
    delete head;            //删除头节点
}

//创建一个单链表
void LinkList::CreateLinkList(int n)
{
    ElemType *pnew,*ptemp;
    ptemp = head;
    if (n < 0) {                    //当输入的值有误时，则处理异常
        cout << "输入的节点个数有误" << endl;
        exit(EXIT_FAILURE);
    }
    for (int i = 0;i<n;i++) {  //将值一个一个地插入单链表中
        pnew = new ElemType;
        cout << "请输入第" << i + 1 << "个值: ";
        cin >> pnew->data;
        pnew->next=NULL;          //新节点的下一个地址为 NULL
```

```
        ptemp->next = pnew;     //将当前节点的下一个地址设为新节点
        ptemp = pnew;           //将当前节点设为新节点
    }
}

//遍历单链表
void LinkList::TravalLinkList()
{
    if (head == NULL || head->next == NULL)
        { cout << "链表为空表" << endl;
    }
    ElemType *p = head;         //令指针指向头节点
    while (p->next != NULL)     //当指针的下一个地址不为空时，循环输出p的数据域
    {
        p = p->next;            //p指向p的下一个地址
        cout << p->data << " ";
    }
}

//获取单链表的长度
int LinkList::GetLength()
{
    int count = 0;              //定义count计数
    ElemType *p = head->next;   //定义p指向头节点
    while (p != NULL)           //当指针的下一个地址不为空时，count+1
    {
        count++;
        p = p->next;            //p指向p的下一个地址
    }
    return count;               //返回count的数据
}

//判断单链表是否为空
bool LinkList::IsEmpty()
{
    if (head->next == NULL)
        { return true;
    }
```

```
    return false;
}

//查找节点
ElemType *LinkList::Find(DataType data)
{
    ElemType *p = head;
    if (p == NULL) {                  //当为空表时，报告异常
        cout << "此链表为空链表" << endl;
        return ERROR;
    }
    else
    {
        while (p->next != NULL)     //循环每一个节点
        {
            if (p->data == data) {
                return p;           //返回指针域
            }
            p = p->next;
        }
        return NULL;                //未查询到结果
    }
}

//在尾部插入指定的元素
void LinkList::InsertElemAtEnd(DataType data)
{
    ElemType *newNode = new ElemType;  //定义一个 Node 节点指针 newNode
    newNode->next = NULL;              //定义 newNode 的数据域和指针域
    newNode->data = data;
    ElemType *p = head;                //定义指针 p 指向头节点
    if (head == NULL) {                //当头节点为空时,设置 newNode 为头节点
        head = newNode;
    }
    else                       //循环，直到最后一个节点，将 newNode 放置在最后
    {
        while (p->next != NULL)
        {
```

```
            p = p->next;
        }
        p->next = newNode;
    }
}

//在指定位置插入指定元素
void LinkList::InsertElemAtIndex(DataType data,int n)
{
    if (n<1||n>GetLength())                 //输入有误，报异常
        cout<< "输入的值错误" <<endl;
    else
    {
        ElemType *ptemp = newElemType;  //创建一个新的节点
        ptemp->data = data;             //定义数据域
        ElemType *p = head;             //创建一个指针指向头节点
        int i = 1;
        while (n > i)                   //遍历到指定的位置
        {
            p = p->next;
            i++;
        }
        ptemp->next = p->next;          //将新节点插入指定位置
        p->next = ptemp;
    }
}

//在头部插入指定元素
void LinkList::InsertElemAtHead(DataType data)
{
    ElemType *newNode = new ElemType;   //定义一个 Node 节点指针 newNode
    newNode->data = data;
    ElemType *p = head;                 //定义指针 p 指向头节点
    if (head == NULL) {                 //当头节点为空时，设置 newNode 为头节点
        head = newNode;
    }
    newNode->next = p->next;            //将新节点插入指定位置
    p->next = newNode;
```

```
}

//在尾部删除元素
void LinkList::DeleteElemAtEnd()
{
    ElemType * p = head;            //创建一个指针指向头节点
    ElemType * ptemp = NULL;        //创建一个占位节点
    if (p->next == NULL) {          //判断链表是否为空
        cout<< "单链表为空" <<endl;
    }
    else
    {
        while (p->next != NULL)     //循环到尾部的前一个节点
        {
            ptemp = p;              //将ptemp指向尾部的前一个节点
            p = p->next;            //p指向最后一个节点
        }
        delete p;                   //删除尾部节点
        p = NULL;
        ptemp->next = NULL;
    }
}
//删除所有数据
void LinkList::DeleteAll()
{
    ElemType * p = head->next;
    ElemType * ptemp = new ElemType;
    while (p != NULL)               //在头节点的下一个节点逐个删除节点
    {
        ptemp = p;
        p = p->next;
        head->next = p;
        ptemp->next = NULL;
        delete ptemp;
    }
    head->next = NULL;              //将头节点的下一个节点指向NULL
}
```

```
//删除指定的数据
void LinkList::DeleteElemAtPoint(DataType data)
{
    ElemType * ptemp = Find(data);      //查找指定数据的节点位置
    if (ptemp == head->next) {
    //判断是不是头节点的下一个节点，如果是，就从头部删除它
        DeleteElemAtHead();
    }
    else
    {
        ElemType * p = head;          //p指向头节点
        while (p->next != ptemp)      //p循环到指定位置的前一个节点
        {
            p = p->next;
        }
        p->next = ptemp->next;        //删除指定位置的节点
        delete ptemp;
        ptemp = NULL;
    }

}

//在头部删除节点
void LinkList::DeleteElemAtHead()
{
    ElemType * p = head;
    if (p == NULL || p->next == NULL) {     //判断是否为空表，报告异常
        cout<< "该链表为空表" <<endl;
    }
    else
    {
        ElemType * ptemp = NULL;      //创建一个占位节点
        p = p->next;
        ptemp = p->next;              //将头节点的下下个节点指向占位节点
        delete p;                     //删除头节点的下一个节点
        p = NULL;
        head->next = ptemp;           //更换头节点的指针
    }
```

```
}

//测试函数
int main()
{
    LinkList l;
    int i;
    cout<<"1.创建单链表 2.遍历单链表 3.获取单链表的长度 4.判断单链表是否为空
        5.获取节点\n";
    cout<<"6.在尾部插入指定元素 7.在指定位置插入指定元素 8.在头部插入指定元素\n";
    cout<<"9.在尾部删除元素 10.删除所有元素 11.删除指定元素 12.在头部删除元素
        0.退出"<<endl;
    do
    {
        cout << "请输入要执行的操作: ";
        cin >> i;
        switch (i)
        {
        case 1:
            int n;
            cout << "请输入单链表的长度: ";
            cin >> n;
            l.CreateLinkList(n);
            break;
        case 2:
            l.TravalLinkList();
            break;
        case 3:
            cout << "该单链表的长度为" << l.GetLength() << endl;
            break;
        case 4:
            if (l.IsEmpty() == 1)
                cout << "该单链表是空表" << endl;
            else
            {
                cout << "该单链表不是空表" << endl;
            }
            break;
```

```
case 5:
    DataType data;
    cout << "请输入要获取节点的值: ";
    cin >> data;
    cout << "该节点的值为" << l.Find(data)->data << endl;
    break;
case 6:
    DataType endData;
    cout << "请输入要在尾部插入的值: ";
    cin >> endData;
    l.InsertElemAtEnd(endData);
    break;
case 7:
    DataType pointData;
    int index;
    cout << "请输入要插入的数据: ";
    cin >> pointData;
    cout<< "请输入要插入数据的位置: ";
    cin >> index;
    l.InsertElemAtIndex(pointData,index);
    break;
case 8:
    DataType headData;
    cout<< "请输入要在头部插入的值: ";
    cin >> headData;
    l.InsertElemAtHead(headData);
    break;
case 9:
    l.DeleteElemAtEnd();
    break;
case 10:
    l.DeleteAll();
    break;
case 11:
    DataType pointDeleteData;
    cout << "请输入要删除的数据: ";
    cin >> pointDeleteData;
    l.DeleteElemAtPoint(pointDeleteData);
```

```
            break;
        case 12:
            l.DeleteElemAtHead();
            break;
        default:
            break;
        }
    } while (i != 0);

    system("pause");
    return 0;
}
```

链表用代码体现如下：

```
#include <iostream.h>
#include <stdio.h>
#include <string.h>
#include <iomanip.h>
#include <stdlib.h>
FILE *fp;
void disp();
void browseticket();
struct airticket
{
    int IDCard;
    int num;
    int day;
    char time[50];
    char count[50];
    char start[50];
    char ends[50];
    airticket *next;
};
airticket *head=NULL;

airticket *Create()
{
    airticket *ps;
```

```
airticket *pEnds;
ps=new airticket;
cout<<"flight number:";
   cin>>ps->num;
cout<<"Date:";
cin>>ps->day;
cout<<"Time:";
   cin>>ps->time;
cout<<"ID:";
   cin>>ps->IDCard;
cout<<"quanlitity:";
   cin>>ps->count;
cout<<"Start time:";
   cin>>ps->start;
cout<<"End time:";
   cin>>ps->ends;
cout<<endl<<endl;
pEnds=ps;
while(ps->num!=0)
{
   if(head==NULL)
      head=ps;
   else
      pEnds->next=ps;
   pEnds=ps;
   ps=new airticket;
   cout<<"flight number:";
   cin>>ps->num;
   cout<<"Date:";
   cin>>ps->day;
   cout<<"Time:";
   cin>>ps->time;
   cout<<"ID:";
   cin>>ps->IDCard;
   cout<<"Number:";
   cin>>ps->count;
   cout<<"Start time:";
   cin>>ps->start;
```

```
        cout<<"end time:";
        cin>>ps->ends;
        cout<<endl<<endl;
    }
    pEnds->next=NULL;
    return head;
}

void save(airticket *headl)
{
    if((fp=fopen("1.txt","ab"))==NULL)
        return;
    for(;headl;headl=headl->next)
        fwrite(headl,sizeof(airticket),1,fp);
    fclose(fp);
}

void booking()
{
    airticket *headl=Create();
    save(headl);
}

void refund()
{
    airticket *tail,*temp=new airticket;
    head=NULL;
    if((fp=fopen("1.txt","rb"))==NULL)
    {
        cout<<"error!please check the file's exist,
            press any key return to main menu";
        getchar();
        disp();
    }
    while((fread(temp,sizeof(airticket),1,fp))==1)
    {
        if(head==NULL)
        {
```

```
            head=tail=temp;
            head->next=NULL;
        }
        else
        {
            temp->next=NULL;
            tail->next=temp;
            tail=temp;
        }
        temp=new airticket;
    }
    fclose(fp);
    int num;
    if(!head)
    {
        cout<<"\n data empty!\n";
        return;
    }
    temp=tail=head;
    cout<<"please enter refunding flight number:";
    cin>>num;
    for(;tail;head=tail->next)
    {
        if(head->num==num)
        {
            head=tail->next;
        }
        else
            if(tail->num==num)
            {
                temp->next=tail->next;
                cout<<"refunding success:"<<endl;
            }
            temp=tail;
    }
    if((fp=fopen("1.txt","wb"))==NULL)
        return;
    for(;head;head=head->next)
```

```
        fwrite(head,sizeof(airticket),1,fp);
        fclose(fp);
}

void search_num()
{
    int num; int k=1;
    airticket *tail,*temp=new airticket;
    head=NULL;
    if((fp=fopen("1.txt","rb"))==NULL)
    {
        cout<<"error,file not exist,press any key to main menu";
            getchar();
        disp();
    }
    while((fread(temp,sizeof(airticket),1,fp))==1)
    {
        if(head==NULL)
        {
            head=tail=temp;
            head->next=NULL;
        }
        else
        {
            temp->next=NULL;
            tail->next=temp;
            tail=temp;
        }
        temp=new airticket;
    }
    cout<<"please enter the flight number:"<<endl;
    cin>>num;
    if(head==NULL)
    {
        printf("no find");
        disp();
    }
    for(;head;head=head->next)
```

```
        {
            if(head->num==num)
            {
                cout<<endl<<"find what your need";
                cout<<"flight number:";
                cout<<head->num<<",Time is:"<<head->time;
                cout<<",ID is:"<<head->IDCard<<",number is:"<<head->count<<",
                    start pint"<<head->start<<",end point"<<head->ends<<endl;
            }
            delete tail,temp;
            fclose(fp);
            cout<<endl<<"Are you continue,press 1,press 2."<<endl;
            cin>>k;
            switch(k)
            {
            case 1: search_num();break;
            case 2: disp();break;
            default:cout<<"error,reenten";
            }
        }
    }
    void modify()
    {
        int num;
        int i;
        airticket temp;
        if((fp=fopen("1.txt","rb+"))==NULL)
        {
            cout<<"error,file not exist,press any to main menu";
        }
            cout<<"please enter flight number:";
            cin>>num;
        while((fread(&temp,sizeof(airticket),1,fp))==1)
        {
            i++;
            if(temp.num==num)
            {
                cout<<"rename flight information:"<<endl;
```

```
            cout<<"after rename,the flight number is:";
               cin>>temp.num;
            cout<<"Dateis:";
               cin>>temp.day;
            cout<<"Timeis:";
               cin>>temp.time;
            cout<<"ID is:";
               cin>>temp.IDCard;
            cout<<"flight start site:";
               cin>>temp.start;
            cout<<"flight end site:";
               cin>>temp.ends;
            fseek(fp,(i-1)*sizeof(airticket),0);
            fwrite(&temp,sizeof(airticket),1,fp);
            fseek(fp,0,0);
        }
    }
    fclose(fp);
}
void disp()
{
    int i=1;
    while(1)
    {
        cout<<endl<<endl;
        cout<<"enter flight information:"<<endl<<endl;
        cout<<"1 booking"<<endl;
        cout<<"2 refunding"<<endl;
        cout<<"3 view flight information"<<endl;
        cout<<"4 search flight information"<<endl;
        cout<<"5 modify flight information"<<endl;
        cout<<"0 return to main menu"<<endl;
        cout<<"please choice(0~5)"<<endl;
        cin>>i;
        cout<<endl;
        if(i>=0&&i<=5)
        {
            switch(i)
```

```
            {
                case 1:booking();break;
                case 2:refund();break;
                case 3:disp();break;
                case 4:browseticket();break;
                case 5:modify();break;
                default:
                    cout<<"thank you!";
            }

            break;
        }
        else
            cout<<"error rechoice:"<<endl;
        cout<<endl;
    }
}
void search_day()
{
    int day,m;
    airticket *tail,*temp=new airticket;
    head=NULL;
    if((fp=fopen("1.txt","rb"))==NULL)
    {
        cout<<"error,press any main menu"<<endl;
        getchar();
        disp();
    }
    while((fread(temp,sizeof(airticket),1,fp))==1)
    {
        if(head==NULL)
        {
            head=tail=temp;
            head->next=temp;
        }
        else
        {
            temp->next=NULL;
```

```
            tail->next=temp;
            tail=temp;
        }
        temp=new airticket;
    }
    cout<<"please enter the time of flight"<<endl;
    cin>>day;
    if(head=NULL)
    {
        cout<<endl;
        cout<<"no find "<<endl;
    }
    for(;head;head=head->next)
    {
        if(head->day==day)
        {
            cout<<"find information"<<endl;
            cout<<"flight number:"<<head->num;
            cout<<"flight Date:"<<head->day;
            cout<<"flight Time:"<<head->time;
            cout<<"flight ID"<<head->IDCard;
            cout<<"flight number:"<<head->count;
            cout<<"flight start"<<head->start;
            cout<<"flight ends"<<head->ends<<endl<<endl<<endl;
        }
        delete tail,temp;
        fclose(fp);
        cout<<endl<<"are you continue,Yes(1),No(2):";
        cin>>m;
        switch(m)
        {
            case 1:search_day();break;
            case 2:disp();break;
            default:cout<<"error,please any press continue"<<endl;
        }
    }
}
void browseticket()
```

```
{
    int i;
    cout<<"please choice key"<<endl;
    cout<<endl<<"inquire flight number press 1,0 return,
       others press 2"<<endl;
    cin>>i;
    switch(i)
    {
    case 1: search_num();break;
    case 2: search_day();break;
    case 0: disp();break;
    default:cout<<"error!press reenter"<<endl;
    }
    disp();
}
void main()
{
    int j=1;
    while(j)
    {
        cout<<"$----------------------------------------$"<<endl;
        cout<<"|                                        |"<<endl;
        cout<<"|   Welcome to airline management system |"<<endl;
        cout<<"|                author by cyg           |"<<endl;
        cout<<"|                                        |"<<endl;
        cout<<"$----------------------------------------$"<<endl;
        cout<<"Administrator 1,Client 2"<<endl;
        cin>>j;
        if(j>=1&&j<=2)
        {
            switch(j)
            {
                case 1:
                    {
                        char p[]="666666";
                        cout<<"please enter password:";
                        scanf("%s",p);
                        if(strcmp(p,"666666")==0)
```

```
            disp();
        else
            cout<<"password error,rechoice"<<endl;
            break;
    }
case 2:
    {
        cout<<"client can view and browse flight
            information"<<endl;
        cout<<"press 1 view,press 2 inquire"<<endl;
        int m;
        cin>>m;
        if(m>=1&&m<=2)
        {
            switch(m)
            {
                case 1: disp();break;
                case 2:
                    {
                        int num;
                        int k=1;
                        airticket *tail,*temp=new airticket;
                        head=NULL;
                        if((fp=fopen("1.txt","rb"))==NULL)
                        {
                        cout<<"error,exist check,
                            press any key continue";
                            getchar();
                            disp();
                        }
                        while((fread(temp,
                            sizeof(airticket),1,fp))==1)
                        {
                            if(head==NULL)
                            {
                                head=tail=temp;
                                head->next=NULL;
                            }
```

```
                else
                {
                    temp->next=NULL;
                    tail->next=temp;
                    tail=temp;
                }
                temp=new airticket;
            }
        cout<<endl<<"please enter what's
            your flight information"<<endl;
            cin>>num;
            if(head==NULL)
        cout<<"No find!";
            for(;head;head=head->next)
        if(head->num==num)
        {
    cout<<endl<<"find relative
        information:"<<endl;
    cout<<"flight number:"<<head->num<<","
        <<head->time<<",";
        cout<<"ID:"<<head->IDCard<<","
            <<"Number"<<head->count<<",";
        cout<<"Start point"<<head->start<<",end
            point"<<head->ends<<endl;
    }
    delete tail,temp;
    fclose(fp);
    cout<<endl<<"Are you continue?Press 1
        press 2"<<endl;
    cin>>k;
    switch(k)
    {
        case 1:search_num();break;
        case 2:main();break;
        default:
    cout<<"error,continue"<<endl;
    }
}
```

```
                    break;
                }
            }
            else
                cout<<"error,continue"<<endl;
        }
            break;
    }
}
    else
        cout<<"error,continue"<<endl;
}
}
```

第5章　类的继承和派生

实验目的：

（1）了解声明和类的继承关系，声明派生类；

（2）熟悉不同继承方式下基类成员的访问控制；

（3）了解利用虚基类解决二义性问题。

实验重难点：

（1）类的继承与派生；

（2）访问控制。

5.1　基础知识

继承是面向对象程序设计中使代码可以复用的最重要的手段，它允许程序员在原有类特性的基础上进行扩展，增加功能。这样产生的新类就叫派生类（子类）。继承呈现了面向对象程序设计的层次结构，体现了由简单到复杂的认知过程。

继承的格式如下：

class 子类名:继承权限基类名

public、private 和 protected 三种继承方式如表 5-1 所示。其中，表 5-1 中的九个单元格表示各种父类成员在对应的继承方式下成为子类成员后的性质。

5-1　public、private和protected三种继承方式

父类成员 / 继承方式	public	protected	private
public	public	protected	禁止访问
protected	protected	protected	禁止访问
private	private	private	禁止访问

public、private 和 protected 对成员数据或成员函数的保护程度如表 5-2 所示。

表5-2　public、private和protected对成员数据或成员函数的保护

访问方式 / 成员类型	类外部	子类	本类
public	允许访问	允许访问	允许访问
protected	禁止访问	允许访问	允许访问
private	禁止访问	禁止访问	允许访问

public、private和protected对成员数据或成员函数的保护的代码如下：

```
#include <iostream>
using namespace std;
class student                                       //学生类作为父类
{
public:
    student(char *n,int a,int h,int w);     //带参数的构造函数
    student();                                      //不带参数的构造函数
    void set(char *n,int a,int h,int w);    //设置
    char * sname();
    int sage();
    int sheight();
    int sweight();
    protected:
    char name[10];                                  //姓名
    int age;                                        //年龄
    int height;                                     //身高
    int weight;                                     //体重
    private:
    int test;
};
char * student::sname()
{
return name;
}
int student::sage()
{
return age;
}
int student::sheight()
{
return height;
}
int student::sweight()
{
return weight;
}
void student::set(char *n,int a,int h,int w)
```

```
{
int i;
for(i=0;n[i]!='\0';i++)
{
name[i]=n[i];
}
name[i]='\0';age=a;height=h;weight=w;return;
}
student::student(char *n,int a,int h,int w)
{
cout <<"Constructing a student with parameter…" <<endl;
set(n,a,h,w);
}
student::student()
{
cout <<"Constructing a student without parameter…" <<endl;
}

class Undergraduate:public student    //本科生类作为子类，继承了学生类
{
public:
   double score();
   void setGPA(double g);             //设置绩点
   bool isAdult()                     //判断是否成年
protected:
   double GPA;                        //本科生绩点
};
double Undergraduate::score()
{
return GPA;
}
void Undergraduate::setGPA(double g)
{
GPA=g;
return;
}
bool Undergraduate::isAdult()
{
```

```
return age>=18?true:false;                    //子类访问父类的保护成员数据
}

int main()
{
Undergraduate s1;                             //新建一个本科生对象
s1.set("caikun",21,168,60);
s1.setGPA(3.75);
cout <<s1.sname() <<endl;
cout <<s1.sage() <<endl;
cout <<s1.sheight() <<endl;
cout <<s1.sweight() <<endl;
cout <<s1.score() <<endl;
cout <<s1.isAdult() <<endl;
return 0;
}
```

public、private 和 protected 三种继承方式的代码如下：

```
#include <iostream>
using namespace std;
class Node
{
   friend class Linklist;      //链表类作为友元类
   friend class Stack;         //栈类作为友元类
public:
   Node();
   Node(Node &n);
   Node(int i,char c='0');
   Node(int i,char c,Node *p,Node *n);
   ~Node();
private:
   int idata;
   char cdata;
   Node *prior;
   Node *next;
};
Node::Node()
{
   cout <<"Node constructor is running…" <<endl;
```

```
    idata=0;
    cdata='0';
    prior=NULL;
    next=NULL;
}
Node::Node(int i,char c)
{
    cout <<"Node constructor is running…" <<endl;
    idata=i;
    cdata=c;
    prior=NULL;
    next=NULL;
}
Node::Node(int i,char c,Node *p,Node *n)
{
    cout <<"Node constructor is running…" <<endl;
    idata=i;
    cdata=c;
    prior=p;
    next=n;
}
Node::Node(Node &n)
{
    idata=n.idata;
    cdata=n.cdata;
    prior=n.prior;
    next=n.next;
}
Node::~Node()
{
cout <<"Node destructor is running…" <<endl;
}
class Linklist
{
public:
    Linklist(int i=0,char c='0');
    Linklist(Linklist &l);
    ~Linklist();
    bool Locate(int i);
```

```
    bool Locate(char c);
    bool Insert(int i=0,char c='0');
    bool Delete();
    void Show();
    void Destroy();
protected:   //原私有成员改为保护成员，以便于 Stack 类继承
    Node head;
    Node * pcurrent;
};
Linklist::Linklist(int i,char c):head(i,c)
{
cout<<"Linklist constructor is running…"<<endl;
pcurrent=&head;
}
Linklist::Linklist(Linklist &l):head(l.head)
{
cout<<"Linklist Deep cloner running…" <<endl;
pcurrent=&head;
node * ptemp1=l.head.next;
while(ptemp1!=NULL)
{
Node * ptemp2=new Node(ptemp1->idata,ptemp1->cdata,pcurrent,NULL);
pcurrent->next=ptemp2;
pcurrent=pcurrent->next;
ptemp1=ptemp1->next;
}
}
Linklist::~Linklist()
{
cout<<"Linklist destructor is running…"<<endl;
destroy();
}
bool Linklist::Locate(int i)
{
Node * ptemp=&head;
while(ptemp!=NULL)
{
if(ptemp->idata==i)
```

```
{
pcurrent=ptemp;
return true;
}
ptemp=ptemp->next;
}
return false;
}
bool Linklist::Locate(char c)
{
Node * ptemp=&head;
while(ptemp!=NULL)
{
if(ptemp->cdata==c)
{
pcurrent=ptemp;
return true;
}
ptemp=ptemp->next;
}
return false;
}
bool Linklist::Insert(int i,char c)
{
if(pcurrent!=NULL)
{
Node * temp=new Node(i,c,pcurrent,pcurrent->next);
if (pcurrent->next!=NULL)
{
pcurrent->next->prior=temp;
}
pcurrent->next=temp;
return true;
}
else
{
return false;
}
```

```
}
bool Linklist::Delete()
{
if(pcurrent!=NULL && pcurrent!=&head)
{
Node * temp=pcurrent;
if (temp->next!=NULL)
{
temp->next->prior=pcurrent->prior;
}
temp->prior->next=pcurrent->next;
pcurrent=temp->prior;
delete temp;
return true;
}
else
{
return false;
}
}
void Linklist::Show()
{
Node * ptemp=&head;
while (ptemp!=NULL)
{
cout <<ptemp->idata <<'\t'<<ptemp->cdata <<endl;
ptemp=ptemp->next;
}
}
void Linklist::Destroy()
{
Node * ptemp1=head.next;
while (ptemp1!=NULL)
{
Node * ptemp2=ptemp1->next;
delete ptemp1;
ptemp1=ptemp2;
}
```

```
head.next=NULL;
}

class Stack:private Linklist         //私有继承链表类
{
public:
   bool push(int i,char c);
   bool pop(int &i,char &c);
   void show();
};
bool Stack::push(int i,char c)
{
while (pcurrent->next!=NULL)
pcurrent=pcurrent->next;
return Insert(i,c);                  //使用链表类的成员函数实现功能
}
bool Stack::pop(int &i,char &c)
{
while (pcurrent->next!=NULL)
pcurrent=pcurrent->next;
i=pcurrent->idata;
c=pcurrent->cdata;
return Delete();                     //使用链表类的成员函数实现功能
}
void Stack::show()
{
Show();                              //使用链表类的成员函数实现功能
}

int main()
{
Stack ss;int i,j;char c;
for (j=0;j<3;j++)
{
cout <<"请输入一个数字和一个字母：" <<endl;
cin >>i >>c;
if (ss.push(i,c))
{
```

```
cout <<"压栈成功! " <<endl;
}
}
ss.show();
while (ss.pop(i,c))
{
cout <<"退栈数据为 i=" <<i <<" c=" <<c <<endl;
}
return 0;
}
```

5.2 继承类型

1.不包含虚函数的普通继承

不包含虚函数的普通继承又分为不包含虚函数的单继承、不包含虚函数的多继承、不包含虚函数的菱形继承。

（1）不包含虚函数的单继承。

其代码如下：

```
class Base
{
public:
    Base (int a = 1):base(a){}
    void fun0(){cout << base << endl;} int base;
};
class Derive:public Base
{
public:
    Derive (int a = 2):derive(a){}
    void fun1(){cout << base1 << endl;} int derive;
};
```

不包含虚函数的单继承可用图 5-1 描述。

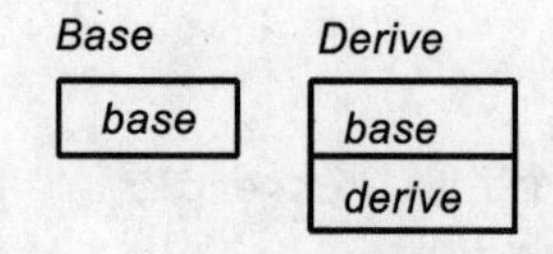

图 5-1　不包含虚函数的单继承

（2）不包含虚函数的多继承。

其代码如下：

```
class Base1
{
public:
    Base1 (int a = 2):base1(a){}
    void fun1(){cout << base1 << endl;} int base1;
};
class Base2
{
public:
    Base2 (int a = 3):base2(a){}
    void fun2(){cout << base2 << endl;} int base2;
};
class Derive: public Base1,public Base2
{
public:
    Derive (int value = 4):derive (value){}
        void fun3(){cout << derive << endl;} int derive;
};
```

不包含虚函数的多继承可用图 5-2 描述。

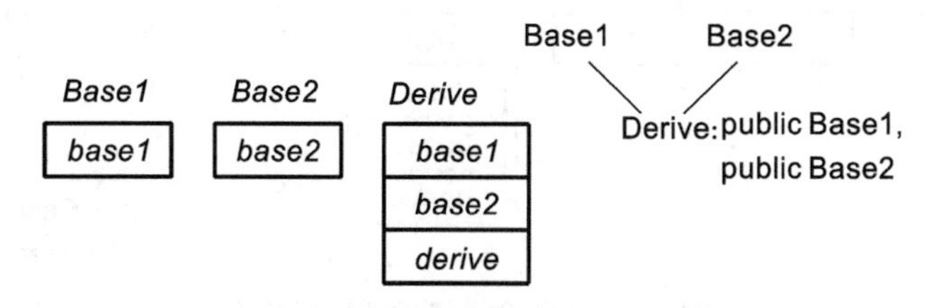

图 5-2　不包含虚函数的多继承

（3）不包含虚函数的菱形继承。

其代码如下：

```
class Base
{
public:
    Base (int a = 1):base(a){}
    void fun0(){cout << base << endl;} int base;
};
class Base1:public Base
```

```
{
public:
    Base1 (int a = 2):base1(a){}
    void fun1(){cout << base1 << endl;} int base1;
};
class Base2:public Base
{
public:
    Base2 (int a = 3):base2(a){}
    void fun2(){cout << base2 << endl;} int base2;
};
class Derive: public Base1,public Base2
{
public:
    Derive (int value = 4):derive (value){}
    void fun3(){cout << derive << endl;} int derive;
};
```

不包含虚函数的菱形继承可用图 5-3 描述。

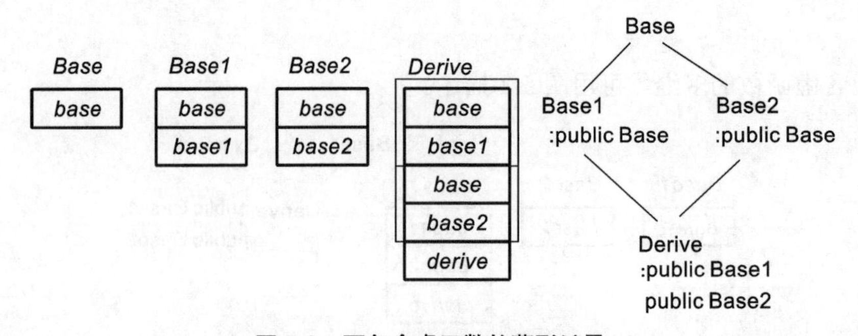

图 5-3　不包含虚函数的菱形继承

注：菱形继承通过 Derive 访问基类 Base 的成员变量 base 时，存在二义性问题，同时存在内存冗余问题。

2.包含虚函数的普通继承

包含虚函数的普通继承又分为包含虚函数的单继承、包含虚函数的双继承、包含虚函数的菱形继承。

（1）包含虚函数的单继承。

其代码如下：

```
class Base
{
```

```
public:
    Base (int a = 1):base(a){}
    virtual void fun0()
    {cout << base << endl;} int base;
};
class Derive:public Base
{
public:
    Derive (int a = 2):derive(a){}
    virtual void fun0(){};
    virtual void fun1(){cout << derive << endl;} int derive;
};
```

包含虚函数的单继承如图 5-4 所示。

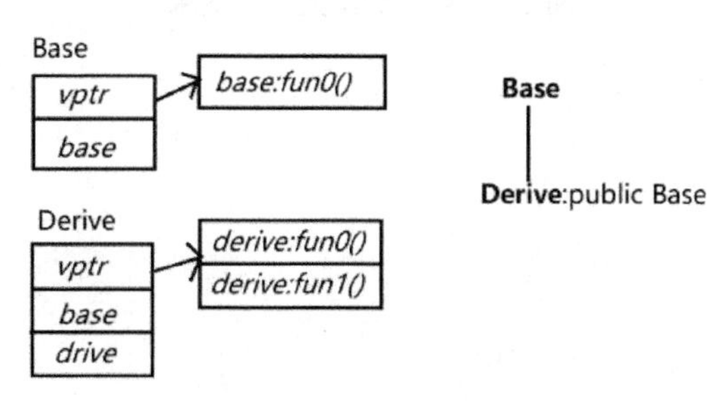

图 5-4　包含虚函数的单继承

（2）包含虚函数的多继承。

其代码如下：

```
class Base1
{
public:
    Base1 (int a = 2):base1(a){}
    virtual void fun1(){cout << base1 << endl;} int base1;
};
class Base2
{
public:
    Base2 (int a = 3):base2(a){}
    virtual void fun2(){cout << base2 << endl;} int base2;
};
class Derive:public Base1,public Base2
{
```

```
public:
   Derive (int value = 4):derive (value){}
      virtual void fun3(){cout << derive << endl;} int derive;
};
```

包含虚函数的多继承如图 5-5 所示。

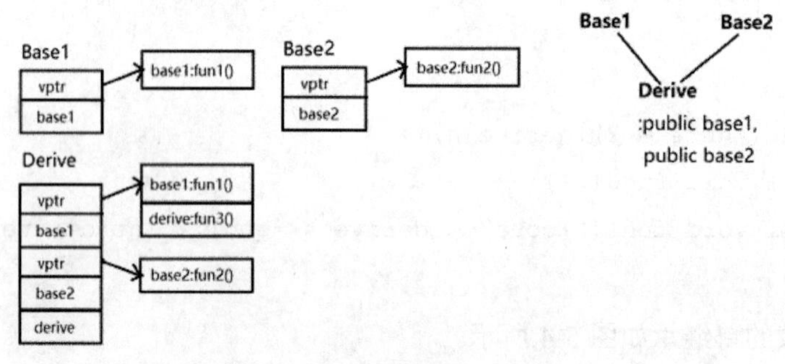

图 5-5　包含虚函数的多继承

（3）包含虚函数的菱形继承。

其代码如下：

```
class Base
{
public:
   Base (int a = 1):base(a){}
   virtual void fun0(){cout << base << endl;} int base;
};
class Base1:public Base
{
public:
   Base1 (int a = 2):base1(a){}
   virtual void fun1(){cout << base1 << endl;} int base1;
};
class Base2:public Base
{
public:
   Base2 (int a = 3):base2(a){}
   virtual void fun2(){cout << base2 << endl;} int base2;
};
class Derive: public Base1,public Base2
{
public:
   Derive (int value = 4):derive (value){}
```

```
    virtual void fun3(){cout << derive << endl;} int derive;
};
```

包含虚函数的菱形继承如图 5-6 所示。

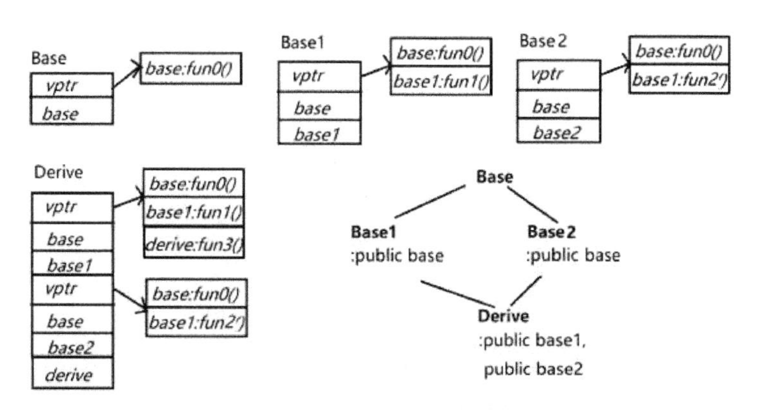

图 5-6　包含虚函数的菱形继承

3.不包含虚函数的虚继承

新增虚基类指针，指向虚基类表，虚基类表中的首项用于存储虚基类指针的偏移量（偏移量是相对于虚基类表指针的存储地址）。

（1）不包含虚函数的单虚继承。

其代码如下：

```
class Base
{
public:
    Base (int a = 1):base(a){}
    void fun0(){cout << base << endl;} int base;
};
class Base1:virtual public Base
{
public:
    Base1 (int a = 2):base1(a){}
    void fun1(){cout << base1 << endl;} int base1;
};
```

不包含虚函数的单虚继承如图 5-7 所示。

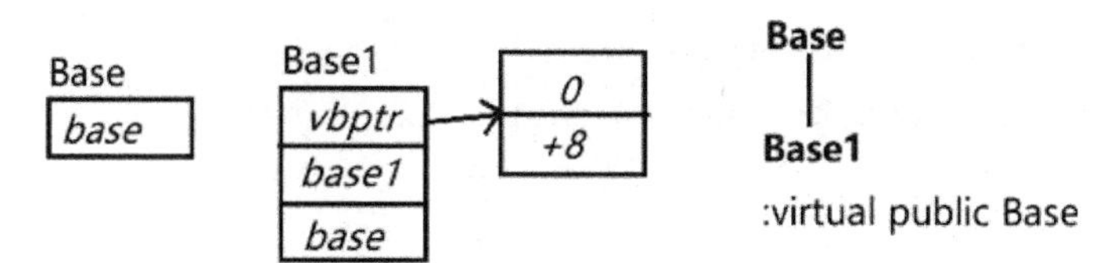

图 5-7　不包含虚函数的单虚继承

（2）不包含虚函数的多虚继承。

其代码如下：

```
class Base1
{
public:
   Base1 (int a = 2):base1(a){}
   void fun1(){cout << base1 << endl;} int base1;
};
class Base2
{
public:
   Base2 (int a = 3):base2(a){}
   void fun2(){cout << base2 << endl;} int base2;
};
class Derive:virtual public Base1, virtual public Base2
{
public:
   Derive (int value = 4):derive (value){}
      void fun3(){cout << derive << endl;} int derive;
};
```

不包含虚函数的多虚继承如图 5-8 所示。

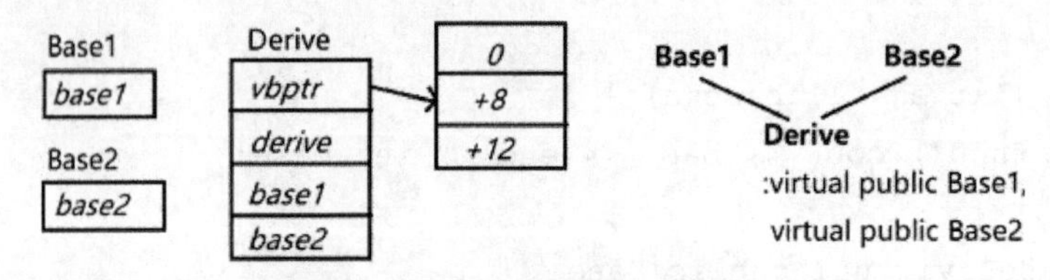

图 5-8　不包含虚函数的多虚继承

（3）不包含虚函数的菱形虚继承。

不包含虚函数的菱形虚继承的第一种形式的代码如下：

```
class Base
{
public:
   Base (int a = 1):base(a){}
   void fun0(){cout << base << endl;} int base;
};
class Base1:virtual Base
{
```

```
public:
    Base1 (int a = 2):base1(a){}
    void fun1(){cout << base1 << endl;} int base1;
};
class Base2:virtual Base
{
public:
    Base2 (int a = 3):base2(a){}
    void fun2(){cout << base2 << endl;} int base2;
};
class Derive:virtual public Base1,virtual public Base2
{
public:
    Derive (int value = 4):derive (value){}
        void fun3(){cout << derive << endl;} int derive;
};
```

不包含虚函数的菱形虚继承的第一种形式如图 5-9 所示。

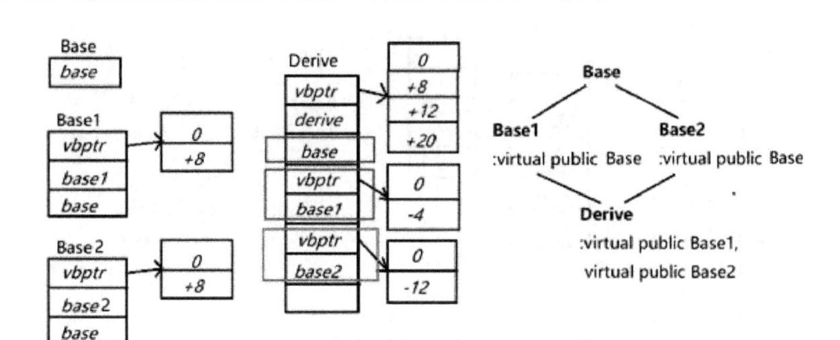

图 5-9　不包含虚函数的菱形虚继承的第一种形式

不包含虚函数的菱形虚继承的第二种形式的代码如下：

```
class Base
{
public:
    Base (int a = 1):base(a){}
    void fun0(){cout << base << endl;} int base;
};
class Base1:virtual public Base
{
public:
    Base1 (int a = 2):base1(a){}
```

```
    void fun1(){cout << base1 << endl;} int base1;
};

class Base2:virtual public Base
{
public:
    Base2 (int a = 3):base2(a){}
    void fun2(){cout << base2 << endl;} int base2;
};
class Derive: public Base1,public Base2
{
public:
    Derive (int value = 4):derive (value){}
    void fun3(){cout << derive << endl;} int derive;
};
```

不包含虚函数的菱形虚继承的第二种形式如图 5-10 所示。

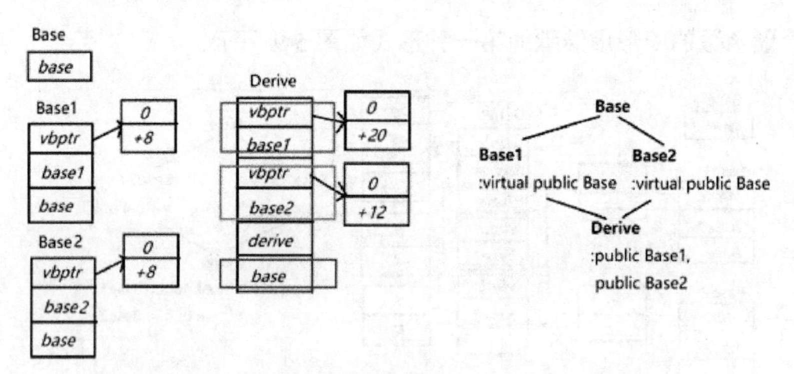

图 5-10　不包含虚函数的菱形虚继承的第二种形式

注：不包含虚函数的菱形虚继承的第二种形式解决了普通菱形多继承中的二义性问题以及内存冗余问题。

4.包含虚函数的虚继承

（1）包含虚函数的单虚继承。

其代码如下：

```
class Base
{
public:
    Base (int a = 1):base(a){}
    virtual void fun0(){cout << base << endl;} int base;
};
```

```
class Base1:virtual Base
{
public:
    Base1 (int a = 2):base1(a){}
    virtual void fun1(){cout << base1 << endl;} int base1;
};
```

包含虚函数的单虚继承如图 5-11 所示。

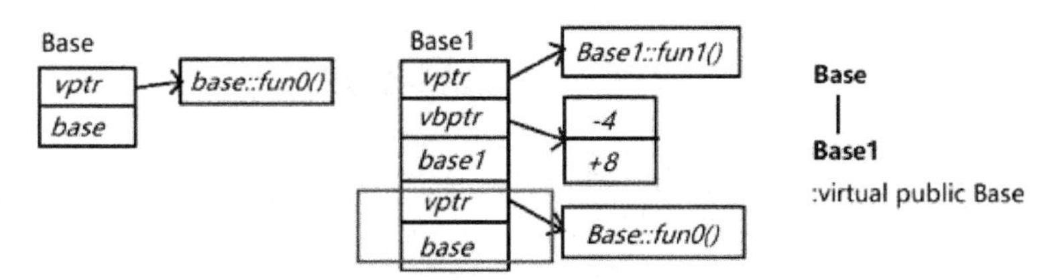

图 5-11　包含虚函数的单虚继承

与普通的包含虚函数的单继承相比，派生类拥有自己的虚函数表以及虚函数表指针，而不是与基类共用一个虚函数表。请注意虚函数表指针和虚基类表指针的存储顺序。

（2）包含虚函数的多虚继承。

其代码如下：

```
class Base1
{
public:
    Base1 (int a = 2):base1(a){}
    virtual void fun1(){cout << base1 << endl;} int base1;
};

class Base2
{
public:
    Base2 (int a = 3):base2(a){}
    virtual void fun2(){cout << base2 << endl;} int base2;
};
class Derive:virtual public Base1,virtual public Base2
{
public:
    Derive (int value = 4):derive (value){}
        virtual void fun3(){cout << derive << endl;} int derive;
};
```

包含虚函数的多虚继承如图 5-12 所示。

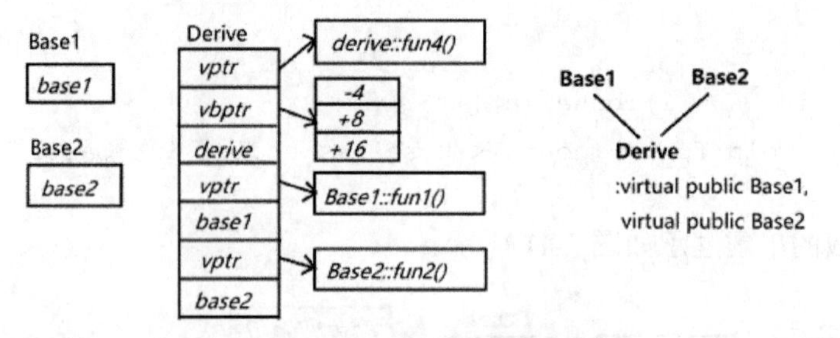

图 5-12　包含虚函数的多虚继承

①包含虚函数的菱形虚继承的第一种形式。

其代码如下：

```
class Base
{
public:
    Base (int a = 1):base(a){}
    virtual void fun0(){cout << base << endl;} int base;
};
class Base1:virtual public Base
{
public:
    Base1 (int a = 2):base1(a){}
    virtual void fun1(){cout << base1 << endl;} int base1;
};

class Base2:virtual public Base
{
public:
    Base2 (int a = 3):base2(a){}
    virtual void fun2(){cout << base2 << endl;} int base2;
};
class Derive:public Base1,public Base2
{
public:
    Derive (int value = 4):derive (value){}
        virtual void fun3(){cout << derive << endl;} int derive;
};
```

包含虚函数的菱形虚继承的第一种形式如图 5-13 所示。

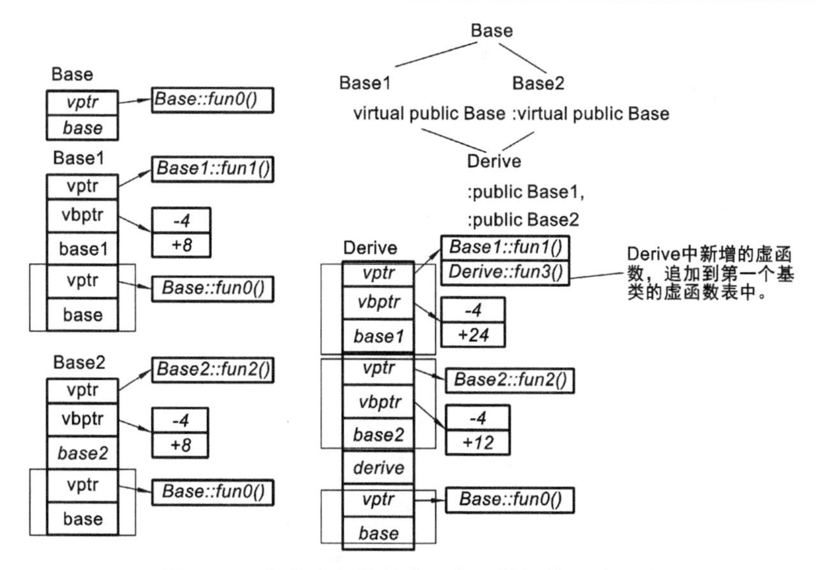

图 5-13　包含虚函数的菱形虚继承的第一种形式

②包含虚函数的菱形虚继承的第二种形式。

其代码如下：

```
class Base
{
public:
    Base (int a = 1):base(a){}
    virtual void fun0(){cout << base << endl;} int base;
};
class Base1:virtual public Base
{
public:
    Base1 (int a = 2):base1(a){}
    virtual void fun1(){cout << base1 << endl;} int base1;
};

class Base2:virtual public Base
{
public:
    Base2 (int a = 3):base2(a){}
    virtual void fun2(){cout << base2 << endl;} int base2;
};
class Derive: virtual public Base1,virtual public Base2
{
public:
```

```
    Derive (int value = 4):derive (value){}
        virtual void fun3(){cout << derive << endl;} int derive;
};
```

5.3 实验内容

1.单继承

其代码如下:

```
#include <iostream>
using namespace std;
class Father
{
    int f_a;
    int f_b;
};
class Childer:public Father
{
    int c_a;
    int f_b;
};

int main()
{
    cout<<"sizeof childer:"<<sizeof(Childer)<<endl;  //-> 16
    cout<<"sizeof father:"<<sizeof(Father)<<endl;    //-> 8
}
```

2.多继承

其代码如下:

```
#include <iostream>
using namespace std;
class Base1
{
public:
    int a ;
};
class Base2
{
public:
```

```
   int b;
};
class Derive:public Base1,public Base2
{
   int c;
};
int main()
{
Derive d1;
cout << sizeof(d1) << endl;
return 0;
}
```

3.覆盖

覆盖只发生在有虚函数的情况下，且父类、子类的成员函数类型必须一模一样，即参数和返回类型都必须一致。子类对象被调用时，会直接调用子类域中的成员函数，父类域中的同名成员函数就像不存在一样（可以显示调用），即父类成员被子类成员覆盖。

其代码如下：

```
#include <iostream>
using namespace std;
class Father
{
public:
   virtual void ff1() {cout<<"father ff1"<<endl;}
};

class Childer_1:public Father
{
public:
   void ff1() {cout<<"childer_1 ff1" <<endl;}
};
class Childer_2:public Father
{
public:
   void ff1() {cout<<"childer_2 ff1"<<endl;}
};

int main()
{
```

```
    Father* fp;

    Childer_1 ch1;
    fp = &ch1;
    fp->ff1();

    Childer_2 ch2;
    fp = &ch2;
    fp->ff1();

    return 0;
}
```

4.运用

公司各类人员与雇员的继承关系的代码如下：

```
#include <iostream>
#include <string>
using namespace std;

class employee
{
    protected:
        char *name;
        int individualEmpNo;
        int grade;
        float  accumPay;
        static int employeeNo;
    public:
        employee()
        {   char namestr[50];
            cout<<"please entername:";
               cin>>namestr;
            cout<<endl;
            name=new char[strlen(namestr)+1];
            strcpy(name,namestr);
            individualEmpNo++;
            grade=1;
            accumPay=0.0;
        }
        ~employee()
```

```
        {
            delete name;
        }
        void pay()
        {

        }
        void prompt(int increment)
        {
            grade+=increment;
        }
        void displayStatus()
        {
        }
};

class technician:virtual public employee
{
protected:
    double jiangjin;
    int fenshu;
public:
    technician()
    {
        jiangjin=0;
        fenshu=0;
    }
    void pay()
    {
        cout<<"name"<<name<<"score of jixiao";
        cin>>fenshu;
        accumPay=300+jiangjin*fenshu;
    }
    void displayStatus()
    {

    cout<<"technician"<<name<<"No"<<individualEmpNo<<"grade"<<grade<<
        "salary"<<accu mPay<<endl;
    }
```

```
};

class salesman:virtual public employee
{
protected:
    double CommRate;
    double sales;
public:
    salesman()
    {
        CommRate=0.01;
    }
    void pay()
    {
        cout<<"name"<<name<<"sale of the month";
        cin>>sales;
        accumPay=sales*CommRate;
    }

    void displayStatus()
    {

    cout<<"salesman:"<<name<<"No"<<individualEmpNo<<"grade"<<grade<<
        "salary"<<accum Pay<<endl;
    }
};

class manager:virtual public employee
{
protected:
    float monthlyPay;
public:
    manager()
    {
        monthlyPay=10000;
    }
    void pay()
    {
        accumPay=monthlyPay;
```

```
    }
    void displayStatus()
    {
        cout<<"general manager:"<<name<<"No"<<individualEmpNo<<
            "grade"<<grade<<"salary"<<accumPay<<end l;
    }
};

class salesmanager:public manager,public salesman
{
public:
    salesmanager()
    {
        monthlyPay=4000;
        CommRate=0.05;
    }
    void pay()
    {
        cout<<"name"<<employee::name<<"sale of the month";
        cin>>sales;
        accumPay=monthlyPay+sales*CommRate;
    }
    void displayStatus()
    {

    cout<<"salesmanager:"<<name<<"No"<<individualEmpNo<<
        "grade"<<grade<<"salary"<<accumPay<<endl;
    }
};

class techmanager:public manager,public technician
{
public:
    techmanager()
    {
        monthlyPay=5000;

    }
    void pay()
    {
```

```
        cout<<"name"<<employee::name<<"score of the month";
        cin>>fenshu;
        accumPay=monthlyPay+jiangjin*fenshu;
    }
    void displayStatus()
    {

    cout<<"techmanager:"<<name<<"No"<<individualEmpNo<<
        "grade"<<grade<<"salary"<<accumPay<<endl;
    }
};
int employee::employeeNo=1;
int main()
{
    manager m1;
    technician t1;
    salesmanager sm1;
    salesman s1;
    techmanager tm1;

    m1.prompt(4);
    m1.pay();
    m1.displayStatus();

    t1.prompt(2);
    t1.pay();
    t1.displayStatus();

    sm1.prompt(3);
    sm1.pay();
    sm1.displayStatus();

    s1.prompt(1);
    s1.pay();
    s1.displayStatus();

    tm1.prompt(3);
    tm1.pay();
    tm1.displayStatus();
    return 0;
}
```

第6章　组合

实验目的：

（1）掌握多态和动态编译；

（2）熟悉虚函数和纯虚函数；

（3）掌握虚函数的运用。

实验重难点：

（1）虚函数的调用过程；

（2）菱形继承。

6.1　基础知识

当将现实中的某些事物抽象成类时，可能会形成很复杂的类。为了简单地进行软件开发，经常把其中相对比较独立的部分拿出来定义成一个个简单的类，这些比较简单的类又可以分出更简单的类，最后由这些简单的类再组成我们想要的类。比如，想要创建一个计算机系统的类，而计算机由硬件和软件组成，硬件分为 CPU、存储器等，软件分为系统软件和应用软件，如果直接创建这个类，是不是很复杂？这时可以将 CPU 写一个类，存储器写一个类，其他每个硬件都写一个类。硬件类就是所有这些类的组合，软件类也一样，也是各种类的组合。计算机类又是硬件类和软件类的组合。

类的组合描述的就是在一个类里内嵌其他类的对象作为成员的情况，它们之间的关系是一种包含与被包含的关系。简单来说，一个类中有若干个数据成员是其他类的对象。以前看到的类的数据成员都属于基本数据类型或自定义数据类型，比如 int、float 类型或结构体类型，现在我们知道，数据成员也可以是类类型的。

如果在一个类中内嵌其他类的对象，那么创建这个类的对象时，其中的内嵌对象也会被自动创建。因为内嵌对象是组合类对象的一部分，所以在构造组合类的对象时，不但要对基本数据类型的成员进行初始化，还要对内嵌对象成员进行初始化。

组合是指类之间整体和部分的关系，但在组合关系中，部分和整体有统一的生存期。一旦整体对象不存在，部分对象也将不存在。部分对象与整体对象之间具有共生死的关系，组合关系是“contains-a”的关系。其代码如下：

```
#include <iostream>
using namespace std;
class Engine {
public:
```

```
    virtual void start();
};

void Engine::start()
{
    cout << "starting Engine\n";
}

class FordTaurus
{ public:
    virtual void
start(); protected:
    Engine engine_;
};
void FordTaurus::start()
{
    cout << "starting FordTaurus\n";
    engine.start();
}

int main()
{
    FordTaurus taurus;
    taurus.start();
    return 0;
}
```

当一个类包含多个类的对象时，则组合类构造函数定义（注意不是声明）的一般形式如下：

```
类名::类名(形参表):内嵌对象1(形参表),内嵌对象2(形参表),…
{
类的初始化
}
```

其中："内嵌对象 1(形参表),内嵌对象 2(形参表),…"为初始化列表，其作用是对内嵌对象进行初始化。其实，一般的数据成员也可以这样初始化，就是把这里的内嵌对象都换成一般的数据成员，后面的形参表换成用来初始化一般数据成员的变量形参，比如 Point::Point(int xx,int yy):X(xx),Y(yy) { }，这个定义应该怎么理解呢？就是在构造 Point 类的对象时传入实参，用传入实参初始化 xx 和 yy，然后使用 xx 的值初始化 Point 类的数据成员 X，使用 yy 的值初始化 Point 类的数据成员 Y。

声明一个组合类的对象时，它不仅会调用自身的构造函数，还会调用其内嵌对象的构造函数。那么，这些构造函数的调用顺序是怎样的呢？首先，根据前面所说的初始化列表，按照内嵌对象在组合类声明中出现的次序，依次调用内嵌对象的构造函数。然后执行组合类的构造函数的函数体，比如下面的例子对于 Distance 类中的 p1 和 p2，就是先调用 p1 的构造函数，再调用 p2 的构造函数。因为 Point p1,p2;是先声明 p1 后声明 p2，所以最后才是执行 Distance 构造函数的函数体。

如果声明组合类的对象时没有指定对象的初始值，就会自动调用无形参的构造函数。构造内嵌对象时，也会对应地调用内嵌对象的无形参的构造函数。析构函数的执行顺序与构造函数的执行顺序正好相反。

下面是一个组合类的例子，其中，Distance 类就是组合类，可以计算两个点的距离，它包含 Point 类的两个对象 p1 和 p2。

```
#include <cmath>
#include <iostream>
using namespace std;

class Point
{
public:
    Point(int xx,int yy) {X=xx;Y=yy;}  //构造函数
    Point(Point & p)
    {
    X = p.X;
    Y = p.Y;
    cout << "Point 拷贝构造函数被调用" << endl;
    }
    int GetX(void) {return X;}           //取 X 坐标
    int GetY(void) {return Y;}           //取 Y 坐标
private:
    int X,Y;                             //点的坐标
};

class Distance
{
public:
    Distance(Point a,Point b):p1(a),p2(b)
    {
        cout << "Distance 构造函数被调用" << endl;
        double x = double(p1.GetX() - p2.GetX());
```

```
        double y = double(p1.GetY() - p2.GetY());
        dist = sqrt(x*x + y*y);
        return;
    }
    double GetDis() {return dist;}
private:
    Point p1,p2;
    double dist;            //距离
};
int main()
{
    Point myp1(1,1),myp2(4,5);
    Distance myd(myp1,myp2);
    cout << "The distance is:";
    cout << myd.GetDis() << endl;
    return 0;
}
```

聚合反映整体与部分的关系。通常在定义一个整体类后，再去分析这个整体类的组成结构，从而找出一些组成类，该整体类和组成类之间就形成聚合关系。例如，一个航母编队包括航空母舰、驱护舰艇、舰载飞机及核动力攻击潜艇等。需求描述中的“包含”、“组成”、“分为……部分”等词常意味着聚合关系，聚合关系是“has a”的关系。

聚合关系表示整体与部分的关系比较弱，而组合则比较强；聚合关系中，代表部分事物的对象与代表聚合事物的对象的生存期无关，一旦删除了聚合对象，不一定就删除了代表部分事物的对象。组合中一旦删除了组合对象，也就删除了代表部分事物的对象。我们用浅显的例子来说明聚合和组合的区别。“国破家亡”，国灭了，家自然也没有了，“国”和“家”显然是组合关系。相反，计算机和它的外设之间就是聚合关系，因为它们之间的关系相对松散，计算机没有了，外设还可以独立存在，还可以接在别的计算机上。在聚合关系中，部分可以独立于聚合而存在，部分的所有权也可以由几个聚合来共享，比如打印机就可以在办公室内被广大同事共用。其代码如下：

```
class Date
{
string month;
int day,year;
public:
    Date(string m,int d,int y):month(m),day(d),year (y) //成员初始化类别
    {}
    };
    class Person
```

```
{
string name;Date dateOfBirth;public:
Person(string name,string month,int day,int year):
    name(name),dateOfBirth(month,day,year){}
};
```

6.2 实验内容

输出对应公司的结构及其部门职责，这里的总公司、分公司、各种部门都有共同的接口，代码如下：

```
#include <list>
#include <string>
#include <iostream>
using namespace std;
class Company
{
public:
    Company(char* name):mName(name){}
    virtual void attach(Company* cpn){}
    virtual void detach(Company* cpn){}
    virtual void display(string str){}
    virtual void LineOfDuty(string company){} protected:
    char* mName;
    list<Company* > mList;
};

class ConcreteCompany:public
Company { public:
    ConcreteCompany(char* name):Company(name){}
    virtual void attach(Company* cpn);
    virtual void detach(Company* cpn);
    virtual void display(string str);
    virtual void LineOfDuty(string company);
};

class HrDepartment:public
Company { public:
    HrDepartment(char* name):Company(name){}
```

```
    virtual void display(string str);

    virtual void LineOfDuty(string company);
};

class FinanceDepartment:public
Company{ public:
    FinanceDepartment(char* name):Company(name){}
    virtual void display(string str);

    virtual void LineOfDuty(string company);
};
void ConcreteCompany::attach(Company* cpn)
{
    mList.push_back(cpn);
}

void ConcreteCompany::detach(Company* cpn)
{
    mList.remove(cpn);
}
void ConcreteCompany::display(string str)
{
    list<Company* >::iterator beg = mList.begin();
    cout<<str<<mName<<endl;
    str = str + str;
    for (;beg != mList.end();beg++)
    {
        (*beg)->display(str);
    }
}

void ConcreteCompany::LineOfDuty(string company)
{
    list<Company* >::iterator beg = mList.begin();
    string name = mName;
    for (;beg != mList.end();beg++)
    {
```

```
        (*beg)->LineOfDuty(name);
    }
}

void HrDepartment::display(string str)
{
    cout<<str<<mName<<endl;
}

void HrDepartment::LineOfDuty(string company)
{
    cout<<company<<"员工招聘培训管理！"<<endl;
}

void FinanceDepartment::display(string str)
{
    cout<<str<<mName<<endl;
}

void FinanceDepartment::LineOfDuty(string company)
{
    cout<<company<<"公司财务收支管理！"<<endl;
}
int main()
{
    //
    ConcreteCompany com1("飞利浦公司");
    FinanceDepartment com2("总公司财务部");
    HrDepartment com3("总公司人力资源部");

    com1.attach(&com2);com1.attach(&com3);

    ConcreteCompany com11("飞利浦重庆分公司");
    FinanceDepartment com22("重庆分公司财务部");
    HrDepartment com33("重庆分公司人力资源部");

    com11.attach(&com22);
    com11.attach(&com33);
```

```
    com1.attach(&com11);

    string str("一");
    com1.display(str);

    cout<<endl;

    com1.LineOfDuty(str);
    return 0;
}
```

第 7 章　虚函数

实验目的：

（1）掌握多态和动态编译；

（2）熟悉虚函数和纯虚函数；

（3）掌握虚函数的运用。

实验重难点：

（1）虚函数的调用过程；

（2）菱形继承在虚函数中的应用。

7.1　基础知识

1.虚函数概述

在类的成员函数定义前加 virtual 关键字，该函数将被作为虚函数。虚函数被继承后仍为虚函数。虚函数在子类中可以被重写（override）、重载（overload）。

简单来说，每个包含虚函数（无论是其本身的，还是继承而来的）的类都至少有一个与之对应的虚函数表，其中存放着该类所有虚函数对应的函数指针，如图 7-1 所示。

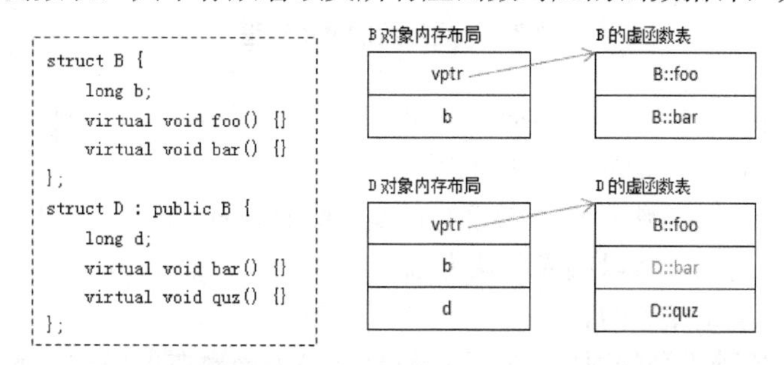

图 7-1　包含虚函数的类至少有一个与之对应的虚函数表

图 7-1 中，B 的虚函数表中存放着 B::foo 和 B::bar 两个函数指针。D 的虚函数表中存放着既有继承自 B 的虚函数 B::foo，又有重写（override）了基类虚函数 B::bar 的 D::bar，还有新增的虚函数 D::quz。

提示：为了描述方便，本书在探讨对象内存布局时，将忽略内存对齐对布局的影响。

2.虚函数表的构造过程

从编译器的角度来说，B 的虚函数表很好构造，D 的虚函数表的构造过程相对复杂。图 7-2 所示的为构造 D 的虚函数表的一种方式。

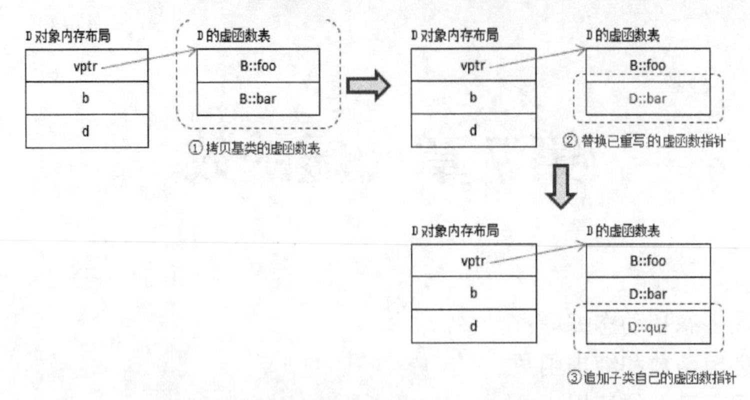

图 7-2　构造 D 的虚函数表的一种方式

提示：虚函数表的构造过程是由编译器完成的，因此也可以说，虚函数的替换过程发生在编译时。

虚函数的调用过程如图 7-3 所示。

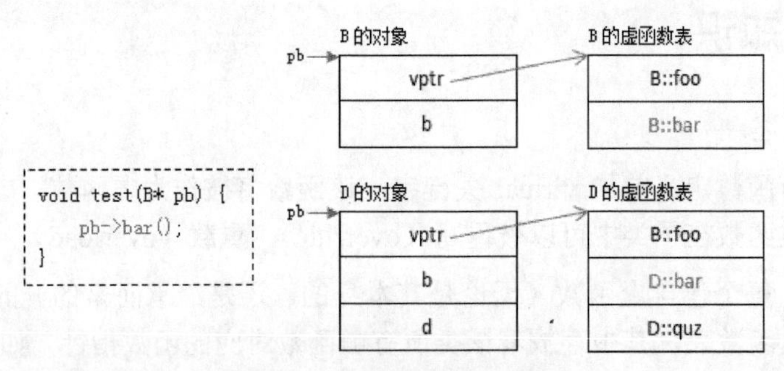

图 7-3　虚函数的调用过程

编译器只知道 pb 是 B*类型的指针，而并不知道它指向的具体对象类型：pb 可能指向的是 B 的对象，也可能指向的是 D 的对象。

但对于“pb->bar();”，编译时能够确定的是：此处 operator->的另外一个参数是 B::bar（因为 pb 是 B*类型的，所以编译器认为 bar 是 B::bar），而 B::bar 和 D::bar 在各自的虚函数表中的偏移位置是相等的。

无论 pb 指向哪种类型的对象，只要能够确定被调函数在虚函数中的偏移值，待运行时，就能够确定具体类型，能够找到相应的 vptr，能够找出真正应该调用的函数。

B::bar 是一个虚函数指针，它的 ptr 部分内容为 9，它在 B 的虚函数表中的偏移值为 8。

当程序执行到“pb->bar();”时，已经能够判断 pb 指向的具体类型了：如果 pb 指向 B 的对象，则可以获取到 B 对象的 vptr，加上偏移值 8（(char*)vptr+8），就可以找到 B::bar。如果 pb 指向 D 的对象，则可以获取到 D 对象的 vptr，加上偏移值 8（+8），就可以找到 D::bar。同理，pb 可以指向其他对象。

3.多重继承

多重继承的格式如下：

(char*) vptr

当一个类继承多个基类，且多个基类都有虚函数时，子类对象中将包含多个虚函数表的指针（即多个 vptr），如图 7-4 所示。

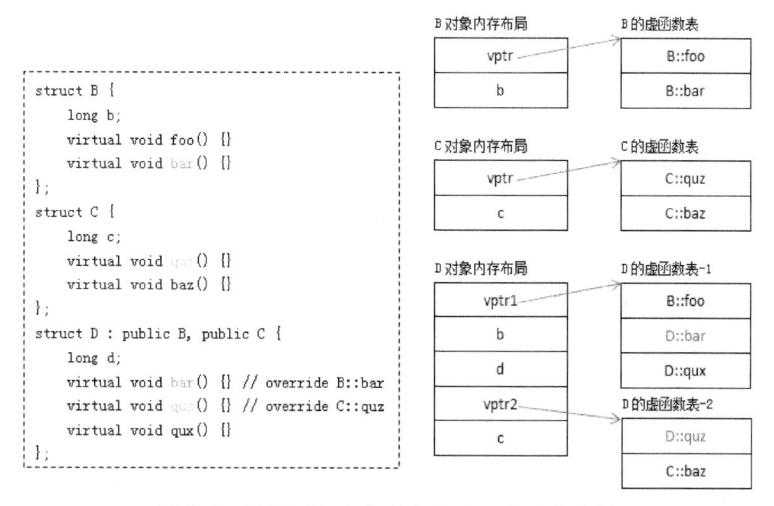

图 7-4　子类对象中包含多个虚函数表的指针

图 7-4 中，D 自身的虚函数与 B 基类共用了同一个虚函数表，因此，也称 B 为 D 的主基类（primary base class）。

虚函数的替换过程与前面介绍的类似，只是多了一个虚函数表，多了一次拷贝和替换的过程。虚函数的调用过程与前面介绍的也基本类似，区别在于基类指针指向的位置可能不是派生类对象的起始位置。图 7-5 所示的为纯虚函数的调用过程。

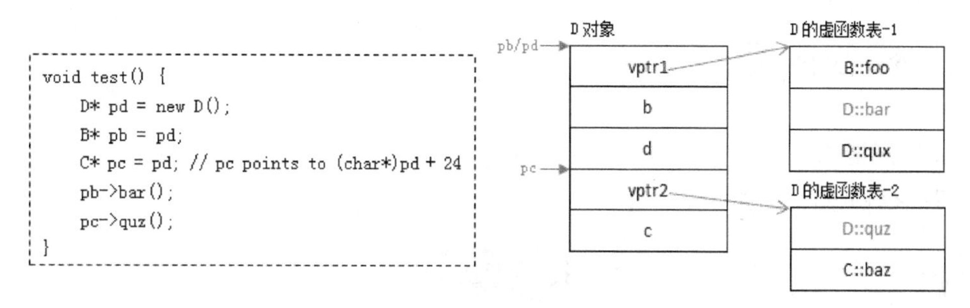

图 7-5　纯虚函数的调用过程

纯虚函数除有 virtual 关键字外，还令它等于 0，以表示纯虚函数。拥有纯虚函数的类称为抽象类。抽象类不能被实例化。类的继承越往后越具体，相反，越往祖先越抽象，以至于没法实例化，其实也根本没必要实例化。一般来说，我们不希望纯虚函数的构造函数暴露出来。所以我们把构造函数设为 protected。纯虚函数被继承后为虚函数，请看以下代码。该程序在 test 类的虚函数 toString()中并未具体实现，但在子类却实现了多态，可见其从 test 类中继承了 toString()函数为虚函数。

```
#include <iostream>
#include <string>
using namespace std;
class test {
   virtual string toString() = 0;
};
struct child:test
   { string toString()
   {
      return "ccc";
   }
};
struct sun:child
{
   string toString()
      { return "sss";
   }
};
int main() {
   sun s;
   child* c;
   c = &s;
   cout<<c->toString()<<endl;
   system("pause");
   return 0;
}
```

7.2 实验内容

1.菱形继承

菱形继承的结构如图 7-6 所示。

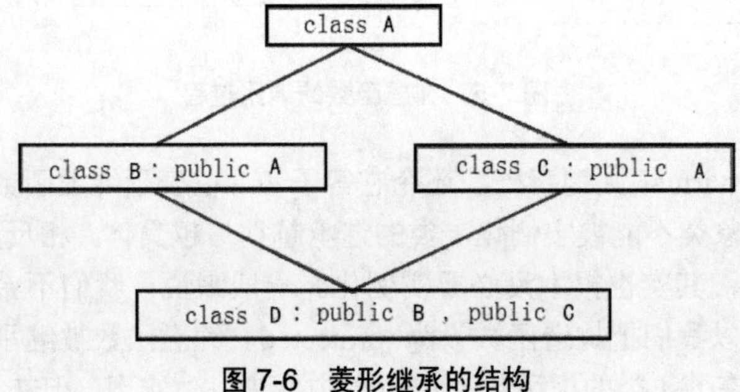

图 7-6 菱形继承的结构

菱形继承对应的代码如下：

```
#include <iostream>
using namespace std;
class A
{
public:
    int _a;
};

class B : public A
{
public:
    int _b;
};

class C : public A
{
public:
    int _c;
};

class D : public C,public B
{
public:
    int _d;
};
int main()
{
    D dd;
    cout << sizeof(dd) << endl;
    dd.B::_a = 1;
    dd._b = 3;
    dd.C::_a = 2;
    dd._c = 4;
    dd._d = 5;
    B bb;
    Ccc;
    cout << sizeof(bb) << endl;
    system("pause");
    return 0;
}
```

（1）菱形虚继承。

从上述代码可以看出，菱形继承有数据冗余和二义性的问题。要解决这些问题，就要将 B 和 C 的继承变为虚继承。当子类继承父类时，在访问限定符前加上 virtual 关键字就可以虚继承。其代码如下：

```
#include <iostream>
using namespace std;
class A
{
public:
    int _a;
};

class B : virtual public A
{
public:
    int _b;
};

class C : virtual public A
{
public:
    int _c;
};

class D : public C,public B
{
public:
    int _d;
};
int main()
{
    D dd;
    cout << sizeof(dd) << endl;
    dd._a = 1;
    dd._b = 3;
    dd._a = 2;
    dd._c = 4;
    dd._d = 5;Bbb;
    C cc;
    cout << sizeof(bb) << endl;
    return 0;
}
```

（2）带有虚函数的菱形继承。

在类的成员函数前加上 virtual 关键字，则这个成员函数称为虚函数。带有虚函数的菱形继承的代码如下：

```
#include <iostream>
using namespace std;

//使用 typedef 定义一个可以指向函数的指针类型
void(*func)();

//打印虚函数表
void PrintVtable(int* vtable)
{
    printf("vtable:0x%p\n",vtable);

    for (size_t i = 0;vtable[i] != 0;++i)
    {
        printf("第%d 个虚函数地址: 0x%p,->",i,vtable[i]);
        func f = (func)vtable[i];
        f();
    }
    cout <<"========================================"<< endl;
}
class A
{
public:
    int _a;

    virtual void func1()
    {
        cout << "A::func1()" << endl;
    }
    virtual void func2()
    {
        cout << "A::func2()" << endl;
    }
};

class B : public A
{
```

```
public:
int _b;
    virtual void func1()
    {
        cout << "B::func1()" << endl;
    }
    virtual void func3()
    {
        cout << "B::func3()" << endl;
    }
};

class C : public A
{
public:
    int _c;
    virtual void func1()
    {
        cout << "C::func1()" << endl;
    }
    virtual void func3()
    {
        cout << "C::func3()" << endl;
    }
};

class D : public B,public C
{
public:
    int _d;
    virtual void func4()
    {
        cout << "D::func4()" << endl;
    }
};
int main()
{
    D dd;
```

```
    dd.B::_a = 1;
    dd.C::_a = 2;
    dd._b = 3;
    dd._c = 4;
    dd._d = 5;
    //D类继承B类的虚表
    PrintVtable(*(int**)&dd);
    system("pause");
    return 0;
}
```

2.菱形继承在虚函数中的应用

菱形继承在虚函数中的应用的代码如下：

```
#include <string>
#include <stdio.h>
#include <iostream>
using namespace std;

class people
{
    friend class list;
protected:
    char name[15];
    char sex[2];
    int age;
    char ID[20];
    char address[30];
    long phone;
    static people *ptr;
    people *next;
public:
    people(char *name1,char *sex1,int age1,char *id1,char *address1,
        long phone1)
    {
        strcpy(name,name1);
        strcpy(sex,sex1);
        age=age1;
        strcpy(ID,id1);
        strcpy(address,address1);
        phone=phone1;
```

```
        next=0;
    }
  people()
  {
    name[0]='\0';
    sex[0]='\0';
    age=0;
    ID[0]='\0';
    address[0]='\0';
    phone=0;
    next=0;
  }
  void set_name(char *name1)
  {
    strcpy(name,name1);
  }

  void set_sex(char *sex1)
  {
    strcpy(sex,sex1);
  }

  voidset_age(intage1)
  {
    age=age1;
  }

  void set_ID(char *id1)
  {
    strcpy(ID,id1);
  }

  void set_address(char *address1)
  {
    strcpy(address,address1);
  }

  void set_phone(long phone1)
  {
```

```
    phone=phone1;
}

virtual void print()
{
    cout<<"\t name:\t\t"<<name<<endl;
    cout<<"\t sex:\t\t"<<sex<<endl;
    cout<<"\t age:\t\t"<<age<<endl;
    cout<<"\t ID:\t\t"<<ID<<endl;
    cout<<"\t address:\t\t"<<address<<endl;
    cout<<"\t phone number\t\t"<<phone<<endl;
}
virtual void insert()
{
}
};

class list
{
private:
    people *root;
public:
    list()
    {
        root=0;
    }
    void insert_people(people *n)
        {
            char key[20];
            people *current_node=root;
            people * previous=0;
            strcpy(key,n->ID);
            while(current_node!=0&&strcmp(current_node->ID,key)<0)
            {
                previous=current_node;
                current_node=current_node->next;
            }
            n->insert();
            n->ptr->next=current_node;
```

```
        if(strcmp(current_node->ID,key)!=0)
        {
           cout<<"insert success!";
        }
        else
        {
           cout<<"sorry,can't insert,same name";
        }
        if(previous==0)
           root=n->ptr;
        else
           previous->next=n->ptr;
    }
void remove(char *id)
{
        people *current_node=root;
        people *previous=0;
        while(current_node!=0&&strcmp(current_node->ID,id)!=0)
        {
           previous=current_node;
           current_node=current_node->next;
        }
        if(current_node!=0&&previous==0)
        {
           root=current_node->next;
           delete current_node;
           cout<<"ID is:"<<id<<"delete success!"<<endl;
        }
        else
           if(current_node!=0&&previous==0)
           {
           previous->next=current_node->next;
           delete current_node;
           cout<<"ID is:"<<id<<"delete success!"<<endl;
           }
           else
              cout<<"NO id:"<<id<<endl;

    }
```

```
        void search(char *id)
        {
            people *current_node=root;
            people *previous=0;
            while(current_node!=0&&strcmp(current_node->ID,id)!=0)
            {
                previous=current_node;
                current_node=current_node->next;
            }
            if(current_node!=0)
                current_node->print();
            else
                cout<<"No same name"<<endl;
        }
        void print_list()
        {
            people *cur=root;
            if(cur==0)
                cout<<"no find"<<endl;
            else
            {
                while(cur!=0)
                {
                    cur->print();
                    cur=cur->next;
                }
            }
        }

};
class student:public people
{
    friend class list;
private:
    float average;
    int grade;
public:
    student(char *name1,char *sex1,int age1,char *id1,char *address1,
        long phone1,float average1,int grade1):
```

```
        people(name1,sex1,age1,id1,address1,phone)
    {
        average=average1;
        grade=grade1;
    }
    student():people()
    {
        average=0.0;
        grade=0;
    }
    void set_average(float average1)
    {
        average=average1;
    }
    void set_grade(int grade1)
    {
        grade=grade1;
    }
    void print()
    {
        people::print();
        cout<<"\tid:student:"<<endl;
        cout<<"\taverage:\t"<<average<<endl;
        cout<<"\tgrade:\t"<<grade<<endl;
    }
    void insert()
    {
        ptr=new student(name,sex,age,ID,address,phone,average,grade);
    }
};
class professor:public people
{
        friend class list;
    private:
        float annual_salary;
    public:
        professor(char *name1,char *sex1,int age1,char *id1,
            char *address1,long phone1,float salary):
            people(name1,sex1,age1,id1,address1,phone1)
```

```
    {
        annual_salary=salary;
    }
    professor():people()
    {
        annual_salary=0;
    }
    void set_annual_salary(float salary)
    {
        annual_salary=salary;
    }

    void print()
    {
        people::print();
        cout<<"\tid:\tprofessor"<<endl;
        cout<<"annual salary\t\t"<<annual_salary<<endl;
    }
    void insert()
    {
        ptr=new professor(name,sex,age,ID,address,phone,annual_salary);
    }

};
class staff:public people
{
    friend class list;
private:
    float hourly_salary;
public:
    staff(char *name1,char *sex1,int age1,char *id1,char *address1,long
    phone1,float hsalary):people(name1,sex1,age1,id1,address1,phone1)
    {
    hourly_salary=hsalary;
    }
    staff():people()
    {
    hourly_salary=0.0;
    }
```

```
    void print()
    {
       people::print();
       cout<<"\tid\tstaff"<<endl;
       cout<<"\thourly salary\t"<<hourly_salary<<endl;
    }
    void insert()
    {
       ptr=new staff(name,sex,age,ID,address,phone,hourly_salary);
    }
};

int main()
{

int i=1;
cout<<endl<<endl;
cout<<"$----------------------------------------$"<<endl;
cout<<"                                          "<<endl;
cout<<"          Welcome to management system    "<<endl;
cout<<"                  author:cyg              "<<endl;
cout<<"$----------------------------------------$"<<endl;

list person;
int type;char na[15];
char sex[2];
int age;
char ID[20];
char add[30];
long ph;
float annual_salary;
float hourly_salary;
float average;
int grade;
while(1)
{
    cout<<endl;
    cout<<" Please choice(0～4)"<<endl<<endl;
    cout<<" 1. insert"<<endl;
```

```
cout<<" 2. remove"<<endl;
cout<<" 3. display"<<endl;
cout<<" 4. inquire"<<endl;
cout<<" 0. exit"<<endl;
cout<<"please choice:";
cin>>i;
cout<<endl;
if(i>=0&&i<=4)
{
   switch(i)
   {
case 1:
   cout<<"please choice person's type;0(student),1(professor),
      2(staff)"<<endl;
   cin>>type;
   cout<<"\tname:";
   cin>>na;
   cout<<"\tsex:";
   cin>>sex;
   cout<<"\tage:";
   cin>>age;
   cout<<"\tID:";
   cin>>ID;
   cout<<"\taddress:";
   cin>>add;
   cout<<"\tphone number:";
   cin>>ph;
   switch(type)
   {
case 0:{
   cout<<"\tplease enter average";
   cin>>average;
   cout<<"\tgrade:";
   cin>>grade;
   student stud(na,sex,age,ID,add,ph,average,grade);
   person.insert_people(&stud);
   }
   break;
case 1:
```

```
        {
        cout<<"\tplease enter annual_salary";
        cin>>annual_salary;
        professor pro(na,sex,age,ID,add,ph,annual_salary);
        person.insert_people(&pro);
        }
        break;
    default:
        cout<<"\tplease enter hourly salary";
        cin>>hourly_salary;
        staff sta(na,sex,age,ID,add,ph,hourly_salary);
        person.insert_people(&sta);
        };break;
    case 2:
        cout<<"please enter number what we will delete";
        cin>>ID;
        person.remove(ID);
        break;
    case 3:
        person.print_list();
        break;
    case 4:
        cout<<"please enter ID number:";
            cin>>ID;
        person.search(ID);
    }
  }
else
  cout<<"error:rechoice"<<endl;
cout<<endl;
}
return 0;
}
```

第8章 运算符重载

实验目的：

（1）掌握通过运算符重载实现多态性的方法；

（2）熟悉运算符重载的成员函数法和友元函数法；

（3）了解单目运算符前置与后置的区别。

实验重难点：

（1）C++中 cout、cin 的用法；

（2）程序的书写规范。

8.1 基础知识

C++允许同一作用域中的某个函数和运算符指定多个定义，分别称为函数重载和运算符重载。重载声明是指一个与之前已经在该作用域内声明过的函数或方法具有相同名称的声明，但是它们的参数列表和定义（实现）不相同。当调用一个重载的函数或重载的运算符时，编译器通过把所使用的参数类型与定义中的参数类型进行比较，决定选用最合适的定义。选择最合适的重载的函数或重载的运算符的过程，称为重载决策。

可重载的运算符列表如表 8-1 所示。

表8-1 可重载的运算符列表

双目算术运算符	+（加）、－（减）、*（乘）、/（除）、%（取模）
关系运算符	==（等于）、!=（不等于）、<（小于）、>（大于）、<=（小于等于）、>=（大于等于）
逻辑运算符	||（逻辑或）、&&（逻辑与）、!（逻辑非）
单目运算符	+（正）、－（负）、*（指针）、&（取地址）
自增自减运算符	++（自增）、－－（自减）
位运算符	|（按位或）、&（按位与）、~（按位取反）、^（按位异或）、<<（左移）、>>（右移）
赋值运算符	=、+=、－=、*=、/=、%=、&=、|=、^=、<<=、>>=
空间申请与释放运算符	new、delete、new[]、delete[]
其他运算符	()(函数调用)、->(成员访问)、,(逗号)、[](下标)

不可重载的运算符列表如表 8-2 所示。

表8-2　不可重载的运算符列表

运算符	名称
.、->	成员访问运算符
.*、->*	成员指针访问运算符
::	域运算符
sizeof	长度运算符
?:	条件运算符
#	预处理符号

运算符的计算结果是值，因此运算符函数是要返回值的函数。其重载的语法形式如下：

```
返回类型  operator@ (参数表)
```

其中：operator 是 C++的保留关键字，表示运算符函数。@代表要重载的运算符，它可以是前面列举的可重载运算符中的任何一个。

1.C++中类默认的重载运算符

赋值运算符（=）、取类对象地址的单目运算符（&）、成员访问运算符（如.和->）等不需要重载就可以使用，但要在类中使用其他运算符，就必须明确重载它们。

2.类运算符的重载形式

（1）非静态成员运算符重载。

以类成员形式重载的运算符参数比实际参数少一个，第一个参数是以 this 指针隐式传递的，代码如下：

```
class Complex{
    double real,image;
public:
...
};
Complex operator+(Complex b){…}
```

（2）友元运算符重载。

如果将运算符函数作为类的友元重载，则它需要的参数个数就与运算符实际需要的参数个数相同。比如，若用友元函数重载 Complex 类的加法运算符，则代码如下：

```
class Complex{
...
    friend Complex operator+(Complex a,Complex b);  //声明
//…
};
Complex operator+(Complex a,Complex b){…}              //定义
```

3.二元运算符的调用形式与解析

aa@bb 可解释成 aa.operator@(bb)，或者解释成 operator@(aa,bb)。如果两者都有定义，

则按照重载解析，代码如下：

```
class
X { public:
    void operator+(int);
    X(int);
};
void operator+(X,X);
void operator+(X,double);
void f(X a)
{
    a+2;        //a.operator+(2)
    2+a;        //::operator+(X(2),a)
    a+2.0;      //::operator+(X,double);
}
```

4.作为成员函数重载

作为类的非静态成员函数的二元运算符，只能够有一个参数，这个参数是运算符右边的参数，它的第一个参数是通过 this 指针传递的，其重载形式类似于：

```
class X{
…
    T1 operator@(T2 b){…};
}
```

其中：T1 是运算符函数的返回类型；T2 是参数的类型。原则上，T1、T2 可以是任意数据类型，但事实上它们常与 X 相同。

【例 8.1】有复数类 Complex，利用运算符重载实现复数的加、减、乘、除等复数运算。

代码如下：

```
#include <iostream>
using namespace std;
class Complex
{ private:
double r,i;
public:
    Complex (double R=0,double I=0):r(R),i(I){ };
    Complex operator+(Complex b);
    Complex operator-(Complex b);
    Complex operator*(Complex b);
    Complex operator/(Complex b);
```

```
   void display();
};
Complex Complex::operator + (Complex b){return Complex(r+b.r,i+b.i);}
Complex Complex::operator - (Complex b){return Complex(r-b.r,i-b.i);}
Complex Complex::operator * (Complex b){
   Complex t;
   t.r=r*b.r-i*b.i;
   t.i=r*b.i+i*b.r;
   return t;
}
Complex Complex::operator /(Complex b)
{ Complex t;
double x;x=1/(b.r*b.r+b.i*b.i);
t.r=x*(r*b.r+i*b.i);
t.i=x*(i*b.r-r*b.i);
return t;
}
void Complex::display(){ cout<<r;
if (i>0) cout<<"+";
if (i!=0) cout<<i<<"i"<<endl;
}display();
};
void main(void) {
Complex c1(1,2),c2(3,4),c3,c4,c5,c6;
c3=c1+c2;
c4=c1-c2;
c5=c1*c2;
c6=c1/c2;
c1.display();
c2.display();
c3.display();
c4.display();
c5.display();
c6.display();
}
```

对于程序中的运算符调用：

```
c3=c1+c2;
c4=c1-c2;
```

```
c5=c1*c2;
c6=c1/c2;
```

C++会将它们转换成如下形式的调用语句：

```
c3=c1.operator+(c2);
c4=c1.operator-(c2);
c5=c1.operator*(c2);
c6=c1.operator/(c2);
```

实际上，程序中也可以直接写出这样的表达式，显式调用重载的运算符函数。

5.友元重载运算符

为了实现类对象的各种运算，除了将运算符重载为类的成员函数外，还可以将它重载为类的友元函数。

在有些情况下，只有将运算符重载为类的友元，才能解决某些问题。比如，对于例 8.1 的复数类而言，假设有以下加法运算：

```
Complex a,b(2,3);
a=b+2;          //正确
a=2+b;          //错误
```

6.重载二元运算符

重载二元运算符为类的友元函数时需要两个参数，其形式如下：

```
class X{
…
   friend T1 operator(T2 a,T3 b);
}
T1 operator(T2 a,T3 b){…}
```

T1、T2、T3 代表不同的数据类型，事实上，它们常与类 X 相同。

对于例 8.1 中的复数类 Complex，可以利用友元运算符重载实现复数的加、减、乘、除等复数运算。代码如下：

```
#include <iostream.h>
class Complex
{ private:
   doubler,i;
public:
   Complex (double R=0,double I=0):r(R),i(I){ };
   friend Complex operator+(Complex a,Complex b);
   friend Complex operator-(Complex a,Complex b);
   friend Complex operator*(Complex a,Complex b);
   friend Complex operator/(Complex a,Complex b);
   void display();
```

```
};
Complex operator+(Complex a,Complex b){return Complex(a.r+b.r,a.i+b.i);}
Complex operator-(Complex a,Complex b){return Complex(a.r-b.r,a.i-b.i);}
    Complex operator*(Complex a,Complex b){
    Complex t;
    t.r=a.r*b.r-a.i*b.i;
    t.i=a.r*b.i+a.i*b.r;
    return t;
}
Complex operator/(Complex a,Complex b)
{ Complex t;
double x;
x=1/(b.r*b.r+b.i*b.i);
t.r=x*(a.r*b.r+a.i*b.i);
t.i=x*(a.i*b.r-a.r*b.i);
return t;
}
void
Complex::display(){ cout
<<r;
if (i>0) cout<<"+";
if (i!=0) cout<<i<<"i"<<endl;
}
void main(void){
Complex c1(1,2),c2(3,4),c3,c4,c5,c6;
c3=c1+c2;
c4=c1-c2;
c5=c1*c2;
c6=c1/c2;
c1.display();
c2.display();
c3.display();
c4.display();
c5.display();
c6.display();
}
```

（1）重载输出运算符。

输出运算符（<<）也称插入运算符，通过输出运算符（<<）的重载，可以实现用户

自定义数据类型的输出。

重载输出运算符（<<）的常见格式如下：

```
ostream &operator<<(ostream &os,classType object) {
   …
      os<<…             //输出对象的实际成员数据
      return os;        //返回 ostream 对象
}
```

（2）重载输入运算符。

输入运算符（>>）也称提取运算符，用于输入数据。通过输入运算符（>>）的重载，可以实现用户自定义的数据类型的输入。

重载输入运算符（>>）的形式如下：

```
istream &operator>>(istream &is,class_name &object) {
   …
      is>>…             //输入对象 object 的实际成员数据
      return is;        //返回 istream 对象
}
```

8.2　实验内容

重载输入运算符的代码如下：

```
#include <iostream>
class complex
{
public:
   void print();
   complex();
   complex(float r,float i)
   {
      real = r;
      image = i;
   }
   virtual ~complex();
   friend complex operator + (complex a,complex b);
   friend complex operator - (complex a,complex b);
   friend complex operator * (complex a,complex b);
   friend complex operator / (complex a,complex b);
```

```
private:
   float image;
   float real;
};
class matrix
{
public:
   void Disp();                                         //显示矩阵所有元素
   int matrix::operator() (short row,short col);   //重载运算符成员函数()
   void SetElem (short row,short col,int val);  //将元素(row,col)设置为val
   matrix();
   matrix(short r,short c)
   {
      rows= r;
      cols= c;
      elems= new int[rows*cols];
   }
   virtual ~matrix();
   friend matrix operator + (matrixp,matrix q);    //重载运算符+
   friend matrix operator — (matrixp,matrix q);    //重载运算符-
   friend matrix operator * (matrixp,matrix q);    //重载运算符*

private:
   int * elems;         //存放矩阵的所有元素
   short cols;          //矩阵的列
   short rows;          //矩阵的行
};

class rational
{
public:
   void print();       //输出函数
   rational(int x=0,int y=0);
   virtual ~rational();
   friend rational operator+(rational num1,rational num2); //重载运算符+
   friend rational operator-(rational num1,rational num2); //重载运算符-
   friend rational operator*(rational num1,rational num2); //重载运算符*
   friend rational operator/(rational num1,rational num2); //重载运算符/
```

```
    friend bool operator==(rational num1,rational num2); //重载运算符==
    friend double real(rational x);     //声明转换函数

private:
    void optimization();                //优化有理数函数
    int denominator;                    //分母
    int numerator;                      //分子
};

//enum bool {false,true};
enum errcode {noerr,overflow};
//定义集合类
class set
{
public:
    void print();                       //显示输出集合元素
    set() {card=0;}
    virtual ~set();
    errcode additem(int);               //增加集合元素
    friend bool operator & (int,set);
    //声明重载运算符&，判断某一整数是否属于某一集合
    friend bool operator == (set,set); //声明重载运算符==,判断两个集合是否相等
    friend bool operator != (set,set); //声明重载运算符!=,判断两个集合是否不等
    friend set operator * (set,set);   //声明重载运算符*，求两个集合的交
    friend set operator + (set,set);   //声明重载运算符+，求两个集合的并
    friend bool operator < (set,set);
    //声明重载运算符<，判断某一集合是否为另一集合的纯子集
    friend bool operator <= (set,set);
    //声明重载运算符<=，判断某一集合是否为另一集合的子集

private:
    int elems[16];
    int card;
};
complex::complex()
{
}
```

```
complex::~complex()
{
}
void complex::print()
{
    std::cout<<real;
    if (image>0)
        std::cout<<"+";
    if (image!=0)
        std::cout<<image<<"i\n";
}

complex operator + (complex a,complex b)
{
    complex temp;
    temp.real = a.real +b.real;
    temp.image = a.image + b.image;
    return temp;
}

complex operator - (complex a,complex b)
{
    complex temp;
    temp.real= a.real - b.real;
    temp.image= a.image - b.image;
    return temp;
}

complex operator * (complex a,complex b)
{
    complex temp;
    temp.real = a.real * b.real - a.image * b.image;
    temp.image = a.real * b.image + a.image * b.real;
    return temp;
}

complex operator / (complex a,complex b)
{
```

```
    complex temp;
    float tt;
    tt=1/(b.real * b.real + b.image * b.image);
    temp.real = (a.real * b.real + a.image * b.image) * tt;
    temp.image = (b.real * a.image - a.real * b.image) * tt;
    return temp;
}

matrix::matrix()
{
}
matrix::~matrix()
{
}

int matrix::operator() (short row,short col)
{
    if (row>=1 && row<=rows && col>=1 && col<=cols)
        return elems[(row-1) * cols + (col-1)];
    else
        return 0;
}
void matrix::SetElem(short row,short col,int val)
{
    if(row>=1 && row<=rows && col>=1 && col<=cols)
        elems[(row-1)*cols+(col-1)]= val;
}

void matrix::Disp()
{
    for(int row=1;row<=rows;row++)
    {
        for(int col=1;col<=cols;col++)
        std::cout<<(*this)(row,col)<<" ";
        std::cout<<std::endl;
    }
}
```

```
matrix operator + (matrix p,matrix q)
{
   matrix m (p.rows,p.cols);
   if (p.rows!=q.rows || p.cols!=q.cols)
      return m;
   for (int r=1;r<=p.rows;r++)
      for (int c=1;c<=p.cols;c++)
      m.SetElem (r,c,p(r,c)+q(r,c));
      return m;
}

matrix operator - (matrix p,matrix q)
{
   matrix m (p.rows,p.cols);
   if (p.rows!=q.rows || p.cols!=q.cols)
      return m;
   for (int r=1;r<=p.rows;r++)
      for (int c=1;c<=p.cols;c++)
         m.SetElem (r,c,p(r,c)-q(r,c));
      return m;
}

matrix operator * (matrix p,matrix q)
{
   matrix m (p.rows,p.cols);
   if (p.cols!=q.rows)
      return m;
   for (int r=1;r<=p.rows;r++)
      for (int c=1;c<=p.cols;c++)
      {
         int s=0;
         for (int i=1;i<=p.cols;i++)
         s+=p(r,i)*q(i,c);
         m.SetElem(r,c,s);
      }
      return m;
}
```

```
rational::rational(int x,int y)
{
        numerator = x;
        denominator = y;
        optimization();          //有理数优化
}

rational::~rational()
{
}

void rational::optimization()
{
    int gcd;
    if (numerator==0)            //如果分子为零，则分母为 1 后返回
    {
        denominator=1;
        return;
    }
    //取分子分母中较小的数作为公约数极限
    gcd = (abs(numerator)>abs(denominator))?abs(numerator):
        abs(denominator);
    if(gcd==0)
        return;                  //若为 0，则返回
    for (int i=gcd;i>1;i--)      //使用循环查找最大公约数
        if ((numerator%i==0) && (denominator%i==0))
            break;
    numerator/=i;                //i 为最大公约数，将分子分母整除它，重新赋值
    denominator/=i;
    //若分子分母均为负数，则结果为正
    if (numerator<0 && denominator<0)
    {
        numerator = -numerator;
        denominator = -denominator;
    }
    //若分子分母只有一个为负数，则调整为分子取负，分母取正
    else if (numerator<0 || denominator<0)
    {
```

```
        numerator = -abs(numerator);
        denominator = abs(denominator);
    }
}

void rational::print()
{
    std::cout<<numerator;
    if (numerator!=0 && denominator!=1)
        std::cout<<"/"<<denominator<<"\n";
    else
        std::cout<<"\n";
}

rational operator + (rational num1,rational num2)
{
    rational temp;
    temp.denominator =num1.denominator * num2.denominator ;
    temp.numerator = num1.numerator * num2.denominator +
        num1.denominator * num2.numerator;
    temp.optimization();
    return temp;
}

rational operator - (rational num1,rational num2)
{
    rational temp;
    temp.denominator = num1.denominator * num2.denominator ;
    temp.numerator = num1.numerator * num2.denominator -
        num1.denominator * num2.numerator;
    temp.optimization();
    return temp;
}

rational operator * (rational num1,rational num2)
{
    rational temp;
    temp.denominator = num1.denominator *num2.denominator;
```

```
    temp.numerator = num1.numerator * num2.numerator;
    temp.optimization();
    return temp;
}

rational operator / (rational num1,rational num2)
{
    rational temp;
    temp.denominator = num1.denominator * num2.numerator;
    temp.numerator = num1.numerator * num2.denominator;
    temp.optimization();
    return temp;
}

bool operator == (rational num1,rational num2)
{
    if (num1.numerator == num2.numerator && num1.denominator ==
        num2.denominator)
        return true;
    else
        return false;
}

double real(rational x)
{
    return (double(x.numerator )) / (double(x.denominator));
}
set::~set()
{
}

void set::print()
{
    std::cout<<"{";
    for (int i=0;i<card-1;i++)
        std::cout<<elems[i]<<",";
    if (card>0)
        std::cout<<elems[card-1]<<"}\n";
```

```
}

errcode set::additem (int elem)
{
    for (int i=0;i<card;i++)
        if (elems[i]==elem)
            return noerr;
        if (card<16)
        {
            elems[card++]=elem;
            return noerr;
        }
        else
            return overflow;
}

bool operator & (int elem,set set1)
{
    for (int i=0;i<set1.card;++i)
        if (set1.elems[i]==elem)
            return true;
    return false;
}

bool operator == (set set1,set set2)
{
    if (set1.card !=set2.card )     //两个集合个数不等，必不相等
        return false;
    for (int i=0;i<set1.card;i++)
        if (!(set1.elems[i]&set2)) //调用&定义
            return false;
    return true;
}

bool operator != (set set1,set set2)
{
    if (set1 == set2)
        return false;
```

```
    else
        return true;
}
set operator * (set set1,set set2)
{
    set res;
    for (int i=0;i<set1.card;i++)
        for (int j=0;j<set2.card;j++)
            if (set1.elems [i] == set2.elems [j])
            {
                res.elems [res.card ++] = set1.elems [i];
                break;
            }
    //取set1中的每一个元素判断是否属于set2，若属于，则加入res中
    return res;
}

set operator + (set set1,set set2)
{
    set res=set1;
    for (int i=0;i<set2.card;i++)
    res.additem (set2.elems [i]);  //将set2中的元素追加到res中
    return res;
}

bool operator < (set set1,set set2)
{
    if (set1.card<set2.card && set1<=set2)
        return true;
    else
        return false;
}

bool operator <= (set set1,set set2)
{
    if (set1.card > set2.card )
        return false;
    for (int i=0;i<set1.card;i++)
```

```
        if (!(set1.elems [i] & set2))
            return false;
    return true;
}

void main()
{
    int i=1;
    std::cout<<std::endl<<std::endl;
    std::cout<<"------------------------------------------"<<std::endl;
    std::cout<<"*                                         "<<std::endl;
    std::cout<<"        使用运算符重载实现特殊计算器       *"<<std::endl;
    std::cout<<"*                                         *"<<std::endl;
    std::cout<<"------------------------------------------"<<std::endl;
    while(i)
    {
        std::cout<<std::endl<<std::endl;
        std::cout<<"请选择您的计算类型："<<std::endl<<std::endl;
        std::cout<<"1.复数计算；"<<std::endl;
        std::cout<<"2.有理数计算；"<<std::endl;
        std::cout<<"3.矩阵计算；"<<std::endl;
        std::cout<<"4.集合计算；"<<std::endl;
        std::cout<<"0.退出；"<<std::endl;
        std::cout<<"请选择按键(0~4):";
        std::cin>>i;
        std::cout<<std::endl;
        //判断输入，0 表示退出
        if (i>=0 && i<=4)
        {
            switch(i)
            {
            //case1:复数计算
            case 1:
                {
                    int j=1;
                    while(j)
                    {
                        std::cout<<"请选择您的复数计算内容："<<std::endl <<
```

```
    std::endl;
std::cout<<"1.两个复数相加；"<<std::endl;
std::cout<<"2.两个复数相减；"<<std::endl;
std::cout<<"3.两个复数相乘；"<<std::endl;
std::cout<<"4.两个复数相除；"<<std::endl;
std::cout<<"0.退出；"<<std::endl;
std::cout<<"请选择按键(0~4):";
std::cin>>j;
std::cout<<std::endl;
//判断输入，0 表示退出
if (j>=0 && j<=4)
{
    float r1,j1,r2,j2;
    std::cout<<"请输入第一个复数的实部：";
    std::cin>>r1;
    std::cout<<"请输入第一个复数的虚部：";
    std::cin>>j1;
    std::cout<<"请输入第二个复数的实部：";
    std::cin>>r2;
    std::cout<<"请输入第二个复数的虚部：";
    std::cin>>j2;
    complex c1(r1,j1);
    complex c2(r2,j2);
    complex c3;
    switch(j)
    {
    //case1:复数相加
    case 1:
        c3=c1+c2;
        c1.print();
        c2.print();
        c3.print();
        break;
    case 2:
        c3=c1-c2;
        c1.print();
        c2.print();
        c3.print();
```

```
                break;
            case 3:
                c3=c1*c2;
                c1.print();
                c2.print();
                c3.print();
                break;
            case 4:
                c3=c1/c2;
                c1.print();
                c2.print();
                c3.print();
                break;
            }
        }
        else
            std::cout<<"按键错误，请重新选择！"<<std::endl;
            std::cout<<std::endl;
    }
break;
}
//有理数计算
case 2:
    {
        int j=1;
        while(j)
        {
            std::cout<<"请选择您的有理数计算内容："<<std::endl<<
                std::endl;
            std::cout<<"1.两个有理数相加；"<<std::endl;
            std::cout<<"2.两个有理数相减；"<<std::endl;
            std::cout<<"3.两个有理数相乘；"<<std::endl;
            std::cout<<"4.两个有理数相除；"<<std::endl;
            std::cout<<"0.退出；"<<std::endl;
            std::cout<<"请选择按键(0~4):";
            std::cin>>j;
            std::cout<<std::endl;
            //判断输入，0 表示退出
```

```
if(j>=0 && j<=4)
{
    intr1,j1,r2,j2;
    std::cout<<"请输入第一个有理数的分子：";
    std::cin>>r1;
    std::cout<<"请输入第一个有理数的分母：";
    std::cin>>j1;
    std::cout<<"请输入第二个有理数的分子：";
    std::cin>>r2;
    std::cout<<"请输入第二个有理数的分母：";
    std::cin>>j2;
    rational c1(r1,j1);
    rational c2(r2,j2);
    rational c3;
    switch(j)
    {
    //case1:有理数相加
    case 1:
        c3=c1+c2;
        c1.print();
        c2.print();
        c3.print();
        break;
    case 2:
        c3=c1-c2;
        c1.print();
        c2.print();
        c3.print();
        break;
    case 3:
        c3=c1*c2;
        c1.print();
        c2.print();
        c3.print();
        break;
    case 4:
        c3=c1/c2;
        c1.print();
```

```
                    c2.print();
                    c3.print();
                    break;
                }
            }
            else
                std::cout<<"按键错误，请重新选择！"<<std::endl;
                std::cout<<std::endl;
        }
    break;
    }
//矩阵计算
case 3:
    {
        int j=1;
        while(j)
        {
            std::cout<<"请选择您的矩阵计算内容："<<std::endl<<
std::endl;
            std::cout<<"1.两个矩阵相加；"<<std::endl;
            std::cout<<"2.两个矩阵相减；"<<std::endl;
            std::cout<<"3.两个矩阵相乘；"<<std::endl;
            std::cout<<"0.退出；"<<std::endl;
            std::cout<<"请选择按键(0~3):";
            std::cin>>j;
            std::cout<<std::endl;
            //判断输入，0 表示退出
            if (j>=0 && j<=3)
            {
                int r1,j1,r2,j2,val;
                std::cout<<"请输入第一个矩阵的行数：";
                std::cin>>r1;
                std::cout<<"请输入第一个矩阵的列数：";
                std::cin>>j1;
                std::cout<<"请输入第二个矩阵的行数：";
                std::cin>>r2;
                std::cout<<"请输入第二个矩阵的列数：";
                std::cin>>j2;
```

```
matrix c1(r1,j1);
matrix c2(r2,j2);
matrix c3;
std::cout<<"请输入第一个矩阵的元素："<<std::endl;
for (int m=1;m<=r1;m++)
    for (int n=1;n<=j1;n++)
    {
        std::cout<<"第"<<m<<"行"<<n<<"列:";
        std::cin>>val;
        c1.SetElem (m,n,val);
    }
c1.Disp();
std::cout<<"请输入第二个矩阵的元素："<<std::endl;
for (int h=1;h<=r2;h++)
    for (int k=1;k<=j2;k++)
    {
        std::cout<<"第"<<h<<"行"<<k<<"列:";
        std::cin>>val;
        c2.SetElem (h,k,val);
    }
    c2.Disp();
    switch(j)
    {
    //case1:有理数相加
    case 1:
        c3=c1+c2;
        std::cout<<"第一个矩阵为："<<std::endl;
        c1.Disp();
        std::cout<<"第二个矩阵为："<<std::endl;
        c2.Disp();
        std::cout<<"第三个矩阵为："<<std::endl;
        c3.Disp();
        break;
    case 2:
        c3=c1-c2;
        std::cout<<"第一个矩阵为："<<std::endl;
        c1.Disp();
        std::cout<<"第二个矩阵为："<<std::endl;
```

```
                c2.Disp();
                std::cout<<"第三个矩阵为："<<std::endl;
                c3.Disp();
                break;
            case 3:
                c3=c1*c2;
                std::cout<<"第一个矩阵为："<<std::endl;
                c1.Disp();
                std::cout<<"第二个矩阵为："<<std::endl;
                c2.Disp();
                std::cout<<"第三个矩阵为："<<std::endl;
                c3.Disp();
                break;
            }
        }
        else
            std::cout<<"按键错误，请重新选择！"<<std::endl;
            std::cout<<std::endl;
    }
break;
}
//集合运算
case 4:
{
    int j=1;
    while(j)
    {
        std::cout<<"请选择您的集合计算内容："<<std::endl<<
            std::endl;
        std::cout<<"1.两个集合的交集；"<<std::endl;
        std::cout<<"2.两个集合的并集；"<<std::endl;
        std::cout<<"3.一个集合是否为另一个集合的子集；"<<
            std::endl;
        std::cout<<"0.退出；"<<std::endl;
        std::cout<<"请选择按键(0~3):";
        std::cin>>j;
        std::cout<<std::endl;
        //判断输入，0 表示退出
```

```
if (j>=0 && j<=3)
{
    int r1,r2,val;
    set set1,set2,set3;
    std::cout<<"请输入第一个集合的元素个数：";
    std::cin>>r1;
    std::cout<<"请输入第二个集合的元素个数：";
    std::cin>>r2;

    std::cout<<"请输入第一个集合的元素："<<
        std::endl;
    for (int n=1;n<=r1;n++)
        {
            std::cout<<"第"<<n<<"个元素为:";
            std::cin>>val;
            set1.additem(val);
        }
    set1.print();

    std::cout<<"请输入第二个集合的元素："<<
        std::endl;
    for (n=1;n<=r2;n++)
        {
            std::cout<<"第"<<n<<"个元素为:";
            std::cin>>val;
            set2.additem(val);
        }
    set2.print();
    switch(j)
    {
    //case1:并集
    case 1:
        set3=set1*set2;
        std::cout<<"第一个集合为："<<std::endl;
        set1.print();
        std::cout<<"第二个集合为："<<std::endl;
        set2.print();
        std::cout<<"交集为："<<std::endl;
```

```
                        set3.print();
                        break;
                    case 2:
                        set3=set1+set2;
                        std::cout<<"第一个集合为："<<std::endl;
                        set1.print();
                        std::cout<<"第二个集合为："<<std::endl;
                        set2.print();
                        std::cout<<"并集为："<<std::endl;
                        std::cout<<std::endl;
                        set3.print();
                        break;
                    case 3:
                        std::cout<<"第一个集合为："<<std::endl;
                        set1.print();
                        std::cout<<"第二个集合为："<<std::endl;
                    set2.print();
                        if(set1<set2)
                            std::cout<<"第一个集合为第二个集合的子集!"
                        break;
                    }
                break;
            }
        }
    }
  }
}
```

第 9 章　模板

实验目的：

（1）理解使用 C++模板机制定义重载函数；

（2）理解实例化及使用模板函数；

（3）理解实例化及使用模板类；

（4）掌握使用 C++标准模板库（STL）通用算法和函数对象实现查找和排序功能。

实验重难点：

（1）实例化和使用模板类；

（2）使用 C++标准模板库（STL）通用算法和函数对象实现查找和排序功能。

9.1　基础知识

模板是 C++支持参数化多态的工具。使用模板可以让用户为类或函数声明一种一般模式，让类中的某些数据成员或者成员函数的参数、返回值获得任意类型。

模板是一种对类型进行参数化的工具。模板通常有两种形式：函数模板和类模板。函数模板仅针对参数类型不同的函数，类模板仅针对数据成员和成员函数类型不同的类。使用模板的目的就是让程序员编写与类型无关的代码。

注意：模板的声明或定义只能在全局范围、命名空间或类范围内进行。也就是说，模板不能在局部范围、函数内进行，比如不能在 main 函数中声明或定义一个模板。

1.函数模板通式

函数模板的格式如下：

```
template <class 形参名, class 形参名, ...> 返回类型函数名(参数列表)
{
    函数体
}
```

其中：template 和 class 是关键字，class 可以使用 typename 关键字代替，这里的 typename 和 class 没有区别；<>括号中的参数称为模板形参，模板形参与函数形参类似，但模板形参不能为空。一旦声明了模板函数，就可以使用模板函数的形参名声明类中的成员变量和成员函数，即在该函数中使用内置类型的地方都可以使用模板形参名。模板形参需要调用该模板函数时提供的模板实参来初始化模板形参，一旦编译器确定了实际的模板实参类型，就称其实例化了函数模板的一个实例。比如 swap 的模板函数形式如下：

```
template <class T> void swap(T& a,T& b){},
```

当调用这样的模板函数时，类型T就会被调用时的类型所代替，比如swap(a,b)中的a和b是int类型，这时模板函数swap中的形参T就会被int所代替，模板函数就变为swap(int &a,int &b)。而当swap(c,d)中的c和d是double类型时，模板函数会被替换为swap(double &a,double &b)，这样就说明了函数的实现与类型无关。

注意：对于函数模板而言，不存在h(int,int)这样的调用，不能在函数调用的参数中指定模板形参的类型，函数模板的调用应使用实参推演来进行，即只能进行h(2,3)这样的调用，或者进行int a,b;h(a,b)这样的调用。

2.类模板通式

（1）类模板的格式。

类模板的格式如下：

```
template <class 形参名，class 形参名，…> class 类名
{…};
```

类模板和函数模板都是由以template开始后接模板形参列表组成的，模板形参不能为空。一旦声明类模板，就可以使用类模板的形参名声明类中的成员变量和成员函数，即在类中使用内置类型的地方都可以使用模板形参名来声明。比如，class的模板函数形式如下：

```
template <class T> class A {public:T a;T b;T hy(T c,T &d);};
```

在类A中声明了两个类型为T的成员变量a和b，还声明了一个返回类型为T并带两个参数类型为T的函数hy。

（2）类模板对象的创建。

比如一个模板类A，使用类模板创建对象的方法为A <int> m;，在类A后面跟上一个尖括号（<>）并在里面填上相应的类型，这样，类A中凡是用到模板形参的地方都会被int所代替。当类模板有两个模板形参时，创建对象的方法为A <int,double> m;，类型之间用逗号隔开。

对于类模板，模板形参的类型必须在类名后的尖括号中明确指定。比如A <2> m;，使用这种方法把模板形参设置为int是错误的（出现编译错误：errorC2079:'a' usesundefined class 'A<int>'），因为类模板形参不存在实参推演的问题。也就是说，不能把整型值2推演为int类型传递给模板形参，而要把类模板形参设置为int类型，必须指定A <int> m。

（3）在类模板外部定义成员函数的方法。

在类模板外部定义成员函数的方法如下：

```
Template <模板形参列表> 函数返回类型类名 <模板形参名> ::函数名(参数列表) {函数体}
```

比如有两个模板形参T1、T2的类A中包含一个void h()函数，则定义该函数的语法为：template <class T1,class T2> void A<T1,T2>::h(){}。

注意：当在类外面定义类的成员时，template后面的模板形参应与要定义的类的模板形参一致。

9.2　实验内容

1.声明一个类模板

声明一个类模板，利用它实现 10 个整数、浮点数和字符的排序，代码如下：

```
#include <iostream>
#include <cstdio>
template <class T>
class MySort
{
public:
    MySort(T _stores[10])
    {
        stores = _stores;
    }
    void DoSort(bool up = true)
    {
        for(int i = 0;i < 10;i++)
        {
            for(int j = i+1;j < 10;j++)
            {
                if(up)              //升序
                {
                    if(stores[i] > stores[j])
                    {
                        T temp = stores[i];
                        stores[i] = stores[j];
                        stores[j] = temp;
                    }
                }
                else                //降序
                {
                    if(stores[i] < stores[j])
                    {
                        T temp = stores[i];
                        stores[i] = stores[j];
                        stores[j] = temp;
                    }
                }
            }
```

```
        }
    }
private:
    T * stores;
};

int main()
{
    //int
    int nums[10] = {1,3,2,9,7,6,8,10,4,5};
    MySort<int> mySort(nums);
    mySort.DoSort(true);            //升序
    for(int i = 0;i < 10;i++)
        printf("%d",nums[i]);
    printf("\n");
    //float
    float nums1[10]=
        {99.7f,99.1f,81.2f,1.1f,2.2f,7.7f,7.8f,49.1f,75.3f,89.99f};
    MySort<float> mySort1(nums1);
    mySort1.DoSort(false);
    for(i = 0;i < 10;i++)
        printf("%0.2f",nums1[i]);
    printf("\n");
    //char
    char chars[10] = {'a','A','B','b','z','X','W','e','g','H'};
    MySort<char> mySort2(chars);
    mySort2.DoSort();
    for(i = 0;i < 10;i++)
        printf("%c",chars[i]);
    printf("\n");
    return 0;
}
```

2.运用

使用模板实现链表的各项功能的代码如下：

```
#include <string.h>
#include <iostream.h>
#include <stdlib.h>

template <class T>
```

```
class ListNode
{
    public:
        ListNode()
        {}
        ListNode(const T& nItem,ListNode<T> * ptrNext = NULL);
        T& ShowDate()
        {
        return Date;
        }
        void InsertAfter(ListNode<T> * ptr);
        //插入新节点，作为本节点的后续节点
        ListNode<T> * DeleteAfter(void);          //删除本节点的后续节点
        ListNode<T> * NextListNode() const;       //获得本节点的后续节点的指针
        void SetNext(ListNode<T> * ptr)
        {
            ptrNext = ptr;
        }
    private:
        T Date;                                   //本节点的数据
        ListNode<T> *ptrNext;                     //指向本节点的后续节点的指针
};

template <class T>
class LinkedList                                  //链表类的声明
{
    public:
        LinkedList(void);
        LinkedList(const LinkedList<T> & list);
        ~LinkedList(void)
        {
            DeleteAll();
        }
        LinkedList<T> & operator = (const LinkedList<T> & list);
        //等号运算符的重载
        void Next();                          //指向链表的下一个节点
        int EndOfList() const                 //判断链表的当前位置是否是表尾
        {
            return (!PtrCurr);
```

```
}
int CurrPosition() const              //获得当前位置指针在链表中的位置
{
   return (nPosition);
}
void InsertFront(const T & nItem);    //将数据为 nItem 的节点插入链表头
void InsertTail(const T & nItem);     //将数据为 nItem 的节点插入链表尾
void InsertAt(const T & nItem);       //将数据为 nItem 的节点插入当前位置
void InsertAfter(const T & nItem);
//将数据为 nItem 的节点插入当前位置之后
void InsertOrder(T nItem);
//将数据为 nItem 的节点插入排序链表中，并构成新的排序链表
int DeletedHead();                    //删除链表头节点
int DeleteCurr();                     //删除链表当前节点
void Delete(T Key)                    //删除链表中数据为 Key 的节点
T & GetDate()                         //得到链表中当前节点的数据
void DeleteAll();                     //删除链表中的所有节点
void DisplayList();                   //显示链表中所有节点的数据
int Find(T& nItem);                   //在链表中找到数据为 nItem 的节点
int ListLength() const                //求链表的长度
{
return nListLength;
}
int ListEmpty() const                 //判断链表是否为空
{
return nListLength;
}
void Reset(int nPos=0);               //重新设置链表当前指针的位置
   private:
      ListNode<T> * ptrFront,         //链表的头节点指针
                  * ptrTail,          //链表的尾节点指针
                  * ptrPrev,          //链表当前节点的前一个节点指针
                  * ptrCurr;          //链表的当前节点指针
      int nListLength;                //链表的长度
      int nPosition;                  //链表当前节点指针的位置
      ListNode<T> * GetListNode(const T & nItem,
         ListNode<T> * ptrNext=NULL);
      //获得链表的下一个节点指针
      void FreeListNode(ListNode<T> * ptr)        //释放节点资源
```

```
    {
        delete ptr;
    }
    void CopyList(const LinkedList<T> & list);//逐项拷贝链表
};

template <class T>
ListNode<T>::ListNode(const T & nItem,ListNode<T> *
    ptrNext):Date(nItem),ptrNext(ptrNext)
{}

template<class T>
ListNode<T> * ListNode<T>::NextListNode() const
{
    return ptrNext;
}

template<class T>
void ListNode<T>::InsertAfter (ListNode<T> * ptr)
{
    ptr->ptrNext = ptrNext;
    ptrNext = ptr;
}

template<classT>
ListNode<T> * ListNode<T>::DeleteAfter ()
{
    ListNode<T> * ptrTemp = ptrNext;
    if(ptrNext==NULL)                  //处理本节点为尾节点的情况
        return NULL;
    ptrNext = ptrTemp -> ptrNext;      //一般情况
        return ptrTemp;
}

template <class T> LinkedList<T>::LinkedList(void):
    ptrFront(NULL),ptrTail(NULL),ptrPrev(NULL),ptrCurr(NULL),
        nListLength(),nPosition(-1)
{}
template <class T>
```

```
LinkedList<T> & LinkedList<T>::operator =
    (const LinkedList<T> & list)
{
    if(this!= &list)
    {
        DeleteAll();
        CopyList(list);
    }
    return * this;
}

template <class T>
LinkedList<T>::LinkedList(const LinkedList<T> & list)
{
    CopyList(list);
}
template<class T>
void LinkedList<T>::Reset (int nPos)
{
    int nStartPos;
    if(! ptrFront)          //如果当前指针为空，链表为空，则直接返回
    {
        return;
    }
    if(nPos>=nListLength||nPos<0)       //位置越界检查
    {
        cout<<"Invalid position!"<<endl;
        return;
    }
    if(nPos==0)         //置当前指针为头节点
    {
        ptrPrev = NULL;
        ptrCurr = ptrFont;
        nPosition = 0;
    }
    else
    {
    ptrCurr->NextListNode();
    ptrPrev = ptrFront;
```

```
        nStartPos = 1;
        for(nPosition=nStartPos;nPosition!=nPos;nPosition++)
        {
            ptrPrev = ptrCurr;
            ptrCurr = ptrCurr->NextListNode();
        }
    }
}

template <class T>
void LinkedList<T>::Next()
{
    if(ptrCurr)
    {
        ptrPrev = ptrCurr;
        ptrCurr = ptrCurr->NextListNode();
        nPosition++;
    }
}

template <class T>
void LinkedList<T>::InsertFront (const T & nItem)
{

ListNode<T> * newListNode = GetListNode(nItem);
//获得一个封装有该数据的节点
newListNode->SetNext(ptrFront);
    ptrFront = newListNode;
    nListLength++;
}

template <class T>
void LinkedList<T>::InsertTail (const T & nItem)
{
    ListNode<T> * newListNode;
    if(ptrCurr==NULL)
        InsertFront(nItem);
    else
    {
```

```
        while(ptrCurr->NextListNode())
            ptrCurr = ptrCurr->NextListNode();
        newListNode = GetListNode(nItem);
        ptrCurr->InsertAfter(newListNode);
    }
}

template <class T>
void LinkedList<T>::InsertAt (const T & nItem)
{
    ListNode<T> * newListNode;if(!ptrPrev)    //插入头节点
    {
        newListNode = GetListNode(nItem,ptrFront);
        newListNode->SetNext(ptrFront);
        ptrFront = newListNode;
        nListLength++;
    }
    else                                       //一般情况
    {
        newListNode = GetListNode(nItem);
        ptrPrev->InsertAfter(newListNode);
    }
    if(ptrPrev==ptrTail)
    {
        ptrPrev = newListNode;
        nPosition = nListLength;
    }
    ptrCurr = newListNode;
}

template <class T>
void LinkedList<T>::InsertAfter (const T & nItem)
{
    ListNode<T> * newListNode;if(!ptrCurr)    //处理空链表的情况
    {
        newListNode = GetListNode(nItem);
        ptrCurr = newListNode;
        ptrFront = ptrCurr;
    }
```

```
    else                                                    //一般情况
    {
        newListNode = GetListNode(nItem);
        ptrCurr->InsertAfter(newListNode);
    }
    if(ptrPrev==ptrTail)
    {
        ptrTail = newListNode;
        nPosition = nListLength;
    }
    ptrCurr = newListNode;
    nListLength++;
}

template <class T>
void LinkedList<T>::DeleteCurr()
{
    ListNode<T> * ptr;
    if(!ptrCurr)         //处理空链表的情况
    {
        cout<<"This list is a empty!"<<endl;
        exit(1);
    }
    if(!ptrPrev)         //删除头节点的情况
    {
        ptr = ptrFront;
        ptrFront = ptrFront->NextListNode();
    }
    ptr = ptrPrev->DeleteAfter();
    if(ptr==ptrTail)
    {
        ptrTail = ptrPrev;
        nPosition--;
    }
    ptrCurr = ptr->NextListNode();
    FreeListNode(ptr);
    nListLength--;
}
```

```
template <class T>
void LinkedList<T>::DeleteAll()
{
    ListNode<T> * ptrCurrPos,* ptrNextPos;
    ptrCurrPos = ptrFront;while(ptrCurrPos)
    {
        ptrNextPos = ptrCurrPos->NextListNode();
        FreeListNode(ptrCurrPos);
        ptrCurrPos = ptrNextPos;
    }
    ptrFront = NULL;
    ptrTail = NULL;
    ptrPrev = NULL;
    ptrCurr = NULL;
    nListLength = 0;
    nPosition = -1;
}

template <class T>
int LinkedList<T>::DeleteHead()
{
    ListNode<T> * ptr = ptrFront;
    if(ptrFront)
    {
        ptrFront = ptrFront->NextListNode();
        delete ptr;
        nListLength--;
        return 1;
    }
    else
    {
        cout<<"This list is empty!"<<endl;
        return 0;
    }
}

template <class T>
T & LinkedList<T>::GetDate()
{
```

```
    if(nListLength==0 || !ptrCurr)
    {
        cout<<"Invalid!"<<endl;
        exit(1);
    }
    return ptrCurr->ShowDate();
}

template <class T>
void LinkedList<T>::CopyList (const LinkedList<T>& list)
{
    ListNode<T> * ptr = list.ptrFront;
    ptrCurr = NULL;
    while(ptr)             //遍历 list 并创建新表
    {
        InsertAfter(ptr->ShowDate());
        ptr = ptr->NextListNode();
    }
    if(nPosition==-1)
    return;
    ptrPrev = NULL;
    preCurr = preFront;
    for(int nPos=0;nPos!=List.CurrPosition();nPos++)
    {
        ptrPrev = ptrCurr;
        ptrCurr = ptrCurr->NextListNode();
    }
    nPosition = nPos;
    nListLength = list.ListLength();
}

template <class T>
ListNode<T> * LinkedList<T>::GetListNode (const T & nItem,
   ListNode<T> * ptrNext)
{
    ListNode<T> * newListNode;
    newListNode = new ListNode<T>(nItem,ptrNext);
    if(!newListNode)
    {
```

```
        cout<<"内存分配失败! "<<endl;
        exit(1);
    }
    return newListNode;
}

template <class T>
void LinkedList<T>::DisplayList()
{
    ptrCurr = ptrFront;
    while(ptrCurr)
    {
        cout<<ptrCurr->ShowDate();
        ptrCurr = ptrCurr->NextListNode();
    }
}

template <class T>
int LinkedList<T>::Find(T & nItem)
{
    ptrCurr = ptrFront;
    ptrPrev = NULL;
    while(ptrCurr)
    {
        if(ptrCurr->ShowDate()==nItem)
            return 1;
        ptrPrev = ptrCurr;
        ptrCurr = ptrCurr->NextListNode();
    }
    return 0;
}

template <class T>
void LinkedList<T>::Delete (T Key)
{
    ptrCurr = ptrFront;
    ptrPrev = NULL;
    if(!ptrCurr)
    {
```

```
        return;
    }
    while(ptrCurr && ptrCurr->ShowDate()!=Key)
    {
        ptrPrev = ptrCurr;
        ptrCurr = ptrCurr->NextListNode();
        nPosition++;
    }
    if(ptrCurr)
    {
        if(!ptrPrev)
            ptrFront = ptrFront->NextListNode();
        else
            ptrPrev->DeleteAfter();
        delete ptrCurr;
    }
}

template <class T>
void LinkedList<T>::InsertOrder (T nItem)
{
    ListNode<T> *newListNode,
        *next,
        *prev;ptrPrev = NULL;
    ptrCurr = ptrFront;
    prev = ptrCurr;
    next = ptrCurr->NextListNode();
    while(prev->ShowDate()==next->ShowDate() && (next))
    //判断链表的排序方式——升序或降序
    {
        prev = next;
        next = next->NextListNode();
    }
    if(!next)
        InsertFront(nItem);
    elseif(prev->ShowDate()>next->ShowDate())      //降序排列时
    {
        while(ptrCurr)                             //寻找插入位置
        {
```

```
                if(nItem>=ptrCurr->ShowDate())
                    break;
                ptrPrev = ptrCurr;
                ptrCurr = ptrCurr->NextListNode();
            }

            if(!ptrPrev)
                InsertFront(nItem);
            else
            {
                newListNode = GetListNode(nItem);
                ptrPrev->InsertAfter(newListNode);
            }
        }
        else                                                    //升序排列时
        {
            while(ptrCurr)
            {
                if(nItem<=ptrCurr->ShowDate())
                    break;
                ptrPrev = ptrCurr;
                ptrCurr = ptrCurr->NextListNode();
            }
            if(!ptrPrev)
                InsertFront(nItem);
            else
            {
                newListNode = GetListNode(nItem);
                ptrPrev->InsertAfter(newListNode);
            }
        }
    }

    class student
    {
public:
    void print();
    void assign(char * name,int age,char * sex,int average);
    int operator != (student &p1);
```

```
    int operator == (student &p1);
    friend ostream & operator << (ostream &,student &);
    int average;
    char sex[4];
    int age;
    char name[30];
    student();
    virtual ~student();

};
student::student()
{

}

student::~student()
{
}

void student::assign(char *name,int age,char *sex,int average)
{
    strcpy(student::name,name);
    student::age = age;
    strcpy(student::sex,sex);
    student::average = average;
}

void student::print()
{
    cout<<"姓名: "<<name<<endl;
    cout<<"年龄: "<<age<<endl;
    cout<<"性别: "<<sex<<endl;
    cout<<"平均分: "<<average<<endl;
}

int student::operator != (student & p1)
{
    if(student::name == p1.name)
        return 1;
```

```
    else
        return 0;
}

int student::operator == (student & p1)
{
    if(name == p1.name )
        return 1;
    else
        return 0;
}
ostream & operator << (ostream & out,student & p1)
{
    out<<"\t 姓名: \t"<<p1.name<<endl;
    out<<"\t 年龄: \t"<<p1.age<<endl;
    out<<"\t 性别: \t"<<p1.sex<<endl;
    out<<"\t 平均分: "<<p1.average<<endl;
    out<<endl;
    return out;
}

void main()
{
    int i=1;
    cout<<endl<<endl;
    cout<<"------------------------------------------"<<endl;
    cout<<"                                        **"<<endl;
    cout<<"          欢迎进入用模板实现通用链表程序        "<<endl;
    cout<<"                                        **"<<endl;
    cout<<"------------------------------------------"<<endl;
    while(i)
    {
        cout<<endl<<endl;
        cout<<"请选择您的查询内容: "<<endl<<endl;
        cout<<"1.整数链表; "<<endl;
        cout<<"2.浮点数链表; "<<endl;
        cout<<"3.字符链表; "<<endl;
        cout<<"4.学生信息链表; "<<endl;
        cout<<"0.退出; "<<endl;
```

```
cout<<"请选择按键(0~4):";
cin>>i;cout<<endl;
//判断输入，0 表示退出
if(i>=0 && i<=4)
{
    switch(i)
    {
    //case1:整数链表
    case 1:
        {
            int j=1,temp;
            LinkedList<int> set;
            while(j)
            {
                cout<<"请选择您的整数内容："<<endl<<endl;
                cout<<"1.在链表中插入头节点；"<<endl;
                cout<<"2.在链表中插入尾节点；"<<endl;
                cout<<"3.在链表中插入数据；"<<endl;
                cout<<"4.删除链表中满足条件的节点；"<<endl;
                cout<<"5.在链表中查找数据；"<<endl;
                cout<<"6.输出链表中各个节点的数据；"<<endl;
                cout<<"7.删除链表中的所有节点；"<<endl;
                cout<<"0.退出；"<<endl;
                cout<<"请选择按键(0~7)："；
                cin>>j;
                cout<<endl;
                //判断输入，0 表示退出
                if(j>=0 && j<=7)
                {
                    switch(j)
                    {
                    //case1:整数链表
                    case 1:
                        cout<<"请输入链表的头节点（整数）："；
                        cin>>temp;set.InsertFront (temp);
                        cout<<"插入成功！"<<endl;
                        break;
                    case 2:
                        cout<<"请输入链表的尾节点（整数）："；
```

```
            cin>>temp;
            set.InsertTail(temp);
            cout<<"插入尾节点成功！"<<endl;
            break;
        case 3:
            cout<<"请输入链表中插入的节点（整数）：";
            cin>>temp;
            set.InsertAt(temp);
            cout<<"插入节点成功！"<<endl;
            break;
        case 4:
            cout<<"请输入链表中要删除的节点（整数）：";
            cin>>temp;
            if(set.Find(temp))
            {
                set.Delete(temp);
                cout<<"成功删除！"<<endl;
            }
            else
                cout<<"没有这个节点！"<<endl;
            break;
        case 5:
            cout<<"请输入链表中要查找的节点（整数）：";
            cin>>temp;
            if(set.Find(temp))
                cout<<"找到了！"<<endl;
            else
                cout<<"没有这个节点！"<<endl;
            break;
        case 6:
            set.DisplayList();
            break;
        case 7:
            set.DeleteAll();
            cout<<"成功删除所有节点！"<<endl;
            break;
        }
    }
    else
```

```
                cout<<"按键错误，请重新选择！"<<endl;
                cout<<endl;
            }
        break;
        }
    //浮点数链表
    case 2:
    {
        int j=1;
        float temp;
        LinkedList<float> set;
        while(j)
        {
            cout<<"请选择您的浮点数内容："<<endl<<endl;
            cout<<"1.在链表中插入头节点；"<<endl;
            cout<<"2.在链表中插入尾节点；"<<endl;
            cout<<"3.在链表中插入数据；"<<endl;
            cout<<"4.删除链表中满足条件的节点；"<<endl;
            cout<<"5.在链表中查找数据；"<<endl;
            cout<<"6.输出链表中各个节点的数据；"<<endl;
            cout<<"7.删除链表中的所有节点；"<<endl;
            cout<<"0.退出；"<<endl;
            cout<<"请选择按键(0~7):";
            cin>>j;
            cout<<endl;
            //判断输入，0 表示退出
            if(j>=0 && j<=7)
            {
                switch(j)
                {

            //case1:整数链表
            case 1:
                cout<<"请输入链表的头节点（浮点数）：";
                cin>>temp;
                set.InsertFront (temp);
                cout<<"插入成功！"<<endl;
                break;
            case 2:
```

```
        cout<<"请输入链表的尾节点（浮点数）：";
        cin>>temp;
        set.InsertTail(temp);
        cout<<"插入尾节点成功！"<<endl;
        break;
    case 3:
        cout<<"请输入链表中插入的节点（浮点数）：";
        cin>>temp;
        set.InsertAt(temp);
        cout<<"插入节点成功！"<<endl;
        break;
    case 4:
        cout<<"请输入链表中要删除的节点（浮点数）：";
        cin>>temp;
        if(set.Find(temp))
        {
            set.Delete(temp);
            cout<<"成功删除！"<<endl;
        }
        else
            cout<<"没有这个节点！"<<endl;
        break;
    case 5:
        cout<<"请输入链表中要查找的节点（浮点数）：";
        cin>>temp;
        if(set.Find(temp))
            cout<<"找到了！"<<endl;
        else
            cout<<"没有这个节点！"<<endl;
        break;
    case 6:
        set.DisplayList();
        break;
    case 7:
        set.DeleteAll();
        cout<<"成功删除所有节点！"<<endl;
        break;
    }
}
```

```
            else
                cout<<"按键错误，请重新选择！"<<endl;
                cout<<endl;
        }
    break;
    }

    //字符链表
    case 3:
        {
            int k=1;
            char temp;
            LinkedList <char> set;
            while(k)
            {
                cout<<"请选择您的字符内容："<<endl<<endl;
                cout<<"1.在链表中插入头节点；"<<endl;
                cout<<"2.在链表中插入尾节点；"<<endl;
                cout<<"3.在链表中插入数据；"<<endl;
                cout<<"4.删除链表中满足条件的节点；"<<endl;
                cout<<"5.在链表中查找数据；"<<endl;
                cout<<"6.输出链表中各个节点的数据；"<<endl;
                cout<<"7.删除链表中的所有节点；"<<endl;
                cout<<""0.退出；"<<endl;
                cout<<"请选择按键(0~7):"; cin>>k;
                cout<<endl;
                //判断输入，0表示退出
                if(k>=0 && k<=7)
                {
                    switch(k)
                    {
                    //case1:整数链表
                    case 1:
                        cout<<"请输入链表的头节点（字符）：";
                        cin>>temp;
                        set.InsertFront (temp);
                        cout<<"插入成功！"<<endl;
                        break;
                    case 2:
```

```
        cout<<"请输入链表的尾节点（字符）：";
        cin>>temp;
        set.InsertTail(temp);
        cout<<"插入尾节点成功！"<<endl;
        break;
    case 3:
        cout<<"请输入链表中插入的节点（字符）：";
        cin>>temp;
        set.InsertAt(temp);
        cout<<"插入节点成功！"<<endl;
        break;
    case 4:
        cout<<"请输入链表中要删除的节点（字符）：";
        cin>>temp;
        if(set.Find(temp))
        {
        set.Delete(temp);
            cout<<"成功删除！"<<endl;
        }
        else
            cout<<"没有这个节点！"<<endl;
        break;
    case 5:
        cout<<"请输入链表中要查找的节点（字符）：";
        cin>>temp;
        if(set.Find(temp))
            cout<<"找到了！"<<endl;
        else
            cout<<"没有这个节点！"<<endl;
        break;
    case 6:
        set.DisplayList();
        break;
    case 7:
        set.DeleteAll();
        cout<<"成功删除所有节点！"<<endl;
        break;
    }
}
```

```
            else
                cout<<"按键错误，请重新选择！"<<endl;
                cout<<endl;
        }
    break;
    }
    //学生信息链表
    case 4:
        {
        inth=1;
        char name[30];
        int age;
        char sex[4];
        int average;

        LinkedList<student> set;
        student p;
        while(h)
        {
            cout<<"请选择学生内容："<<endl<<endl;
            cout<<"1.在链表中插入头节点；"<<endl;
            cout<<"2.在链表中插入尾节点；"<<endl;
            cout<<"3.在链表中插入数据；"<<endl;
            cout<<"4.删除链表中满足条件的节点；"<<endl;
            cout<<"5.在链表中查找数据；"<<endl;
            cout<<"6.输出链表中各个节点的数据；"<<endl;
            cout<<"7.删除链表中的所有节点；"<<endl;
            cout<<"0.退出；"<<endl;
            cout<<"请选择按键(0~7):";
            cin>>h;
            cout<<endl;
            //判断输入，0表示退出
            if(h>=0 && h<=7)
            {
                switch(h)
                {
                //case1:整数链表
                case 1:
                    cout<<"请输入链表的头节点（学生）：";
```

```
        cout<<"请输入姓名：";
        cin>>name;
        cout<<"请输入年龄：";
        cin>>age;
        cout<<"请输入性别：";
        cin>>sex;
        cout<<"请输入成绩：";
        cin>>average;
        p.assign (name,age,sex,average);
        set.InsertFront(p);
        cout<<"插入成功！"<<endl;
        break;
    case 2:
        cout<<"请输入链表的尾节点（学生）：";
        cout<<"请输入姓名：";
        cin>>name;
        cout<<"请输入年龄：";
        cin>>age;
        cout<<"请输入性别：";
        cin>>sex;
        cout<<"请输入成绩：";
        cin>>average;
        p.assign (name,age,sex,average);
        set.InsertTail(p);
        cout<<"插入尾节点成功！"<<endl;
        break;
    case 3:
        cout<<"请输入链表中插入的节点（学生）：";
        cout<<"请输入姓名：";
        cin>>name;
        cout<<"请输入年龄：";
        cin>>age;
        cout<<"请输入性别：";
        cin>>sex;
        cout<<"请输入成绩：";
        cin>>average;
        p.assign (name,age,sex,average);
        set.InsertAt(p);
        cout<<"插入节点成功！"<<endl;
```

```
        break;
    case 4:
        cout<<"请输入链表中要删除的节点（学生）：";
        cout<<"请输入姓名：";
        cin>>name;
        cout<<"请输入年龄：";
        cin>>age;
        cout<<"请输入性别：";
        cin>>sex;
        cout<<"请输入成绩：";
        cin>>average;
        p.assign (name,age,sex,average);
        if(set.Find(p))
        {
        set.Delete(p);
        cout<<"成功删除！"<<endl;
        }
        else
            cout<<"没有这个节点！"<<endl;
        break;
    case 5:
        cout<<"请输入链表中要查找的节点（学生）：";
        cout<<"请输入姓名：";
        cin>>name;
        cout<<"请输入年龄：";
        cin>>age;
        cout<<"请输入性别：";
        cin>>sex;
        cout<<"请输入成绩：";
        cin>>average;
        p.assign (name,age,sex,average);
        if(set.Find(p))
            cout<<"找到了！"<<endl;
        else
            cout<<"没有这个节点！"<<endl;
        break;
    case 6:
        set.DisplayList();
        break;
```

```
                case 7:
                    set.DeleteAll();
                    cout<<"成功删除所有节点！"<<endl;
                    break;
                }
            }
            else
                cout<<"按键错误，请重新选择！"<<endl;
                cout<<endl;
                }
            }
        }
        }
        else
            cout<<"按键错误，请重新选择！"<<endl;
            cout<<endl;
    }
}
```

第 10 章　文件读/写

实验目的：

（1）熟悉 C++文件流的概念；

（2）掌握文本文件的打开、关闭、读/写等操作；

（3）理解使用 C++文件流的优势。

实验重难点：

（1）文本文件的打开、关闭、读/写等操作；

（2）二进制文件的打开、关闭、读/写等操作。

10.1　基础知识

在 C++中封装文件的操作，可以使用：

```
#include <fstream>
```

它共有三个对象可以使用，即 fstream（读/写）、ofstream（写）、ifstream（读）。

1.定义数据流对象指针

对文件进行读/写操作，首先必须定义一个数据流对象指针。数据流对象指针有以下三种类型。

ifstream：表示读取文件流，使用的时候必须包含头文件“ifstream”。

ofstream：表示写入文件流，使用的时候必须包含头文件“ofstream”。

fstream：表示读取/写入文件流，使用的时候必须包含头文件“fstream”。

2.打开文件

打开文件可以调用两个函数，一是调用 open 函数，二是调用数据流对象的构造函数。这两个函数调用的参数基本上是一致的，下面以 open 函数的代码为例：

```
void open(const char * filename,ios_base::openmode mode = ios_base::in | ios_base::out);
void open(const wchar_t *_filename,ios_base::openmode mode = ios_base::in | ios_base::out,int prot = ios_base::_Openprot);
```

参数 filename 表示文件名，如果该文件在目录中不存在，那么 open 函数会自动创建该文件；参数 mode 表示打开方式，这里打开方式有以下几种，并且这些方式可以以“|”的方式组合使用。

ios::in：为输入（读）而打开文件。

ios::out：为输出（写）而打开文件。

ios::ate：表示文件打开时将文件读取位置移动到文件末尾。

ios::app：表示所有输出附加在文件末尾。

ios::trunc：表示如果文件已存在，则先删除该文件。

ios::binary：表示二进制方式。

参数 prot 表示文件打开的属性，基本上很少用到。

3.文件的读/写操作

由于类 ofstream、ifstream 和 fstream 是分别从 ostream、istream 和 iostream 中引申而来的，所以文件的读/写操作与使用控制台的函数 cin 和 cout 一样，“<<”表示对文件进行写操作，“>>”表示对文件进行读操作。

根据数据流读/写的状态，有以下 4 个验证函数。

（1）bad()。

如果在读/写过程中出错，则返回 true，例如，当要对一个不是打开为写状态的文件进行写入时，或者要写入的设备没有剩余空间的时候。

（2）fail()。

除与 bad()在相同情况下会返回 true 外，还会在格式出现错误时也返回 true，例如，当想要读入一个整数而获得一个字母的时候。

（3）eof()。

如果读文件到达文件末尾，则返回 true。

（4）good()。

这是最通用的函数。如果调用以上任何一个函数都返回 true，则此函数返回 false。

4.获得或设置流指针

获得流指针的位置有两个函数，它们是 long tellg()和 long tellp()。这两个函数不用传入参数，返回 pos_type 类型的值（根据 ANSI—C++标准）就是一个整数，代表当前 get 流指针的位置（用 tellg）或 put 流指针的位置（用 tellp）。

设置流指针的位置根据输入/输出流指针类型的不同，也有两个函数，即 seekg()和 seekp()。这两个函数分别用来改变流指针 get 和 put 的位置。两个函数都被重载为两种不同的原型：

```
seekg(pos_type position);
seekp(pos_type position);
```

使用这两种原型，流指针被改变为指向从文件开始计算的一个绝对位置。要求传入的参数类型与函数 tellg()和 tellp()的返回值类型相同。

```
seekg(off_type offset,seekdir direction);
seekp(off_type offset,seekdir direction);
```

使用这两种原型，可以指定由参数 direction 决定的一个具体的指针开始计算的位移（offset），如下。

ios::beg：从流起始位置开始计算的位移。

ios::cur：从流指针当前位置开始计算的位移。

ios::end：从流末尾处开始计算的位移。

5.关闭文件

调用函数 close()，可以关闭流对象所指向的文件。释放流指针后，该数据流就可以对其他文件进行操作了。

10.2　实验内容

1.输出流

输出流的代码如下：

```
#include <fiostream>
using namespace std;
void main()
{
    ofstream out("out.txt");
    if(out.is_open())
    {
        out<<"This is a line.\n";
        out<<"this is another line.\n");
        out.close();
    }
}
```

2.输入流

输入流的代码如下：

```
#include <iostream>
#include <fstream>
#include <stdlib.h>
using namespace std;
    int main() {
        char buffer[256];
        ifstream in("out.txt");
        if (! in.is_open())
        {cout << "Error opening file";exit(1);}
        while (!in.eof())
        {
            in.getline(buffer,100);
            cout << buffer << endl;
```

```
    }
    return 0;
}
```

3.tellg()和 seekg()操作

tellg 和 seekg 操作的代码如下：

```
#include <iostream>
#include <fstream>
using namespace std;
const char * filename = "out.txt";
int main() {
    long l,m;
    ifstream in(filename,ios::in|ios::binary);
    l = in.tellg();
    in.seekg(0,ios::end);
    m = in.tellg();
    in.close();
    cout << "size of" << filename;
    cout << "is" << (m-l) << "bytes.\n";
    return 0;
}
```

4.文件重定位操作

文件重定位操作的代码如下：

```
#include <iostream>
#include <fstream>
using namespace std;

const char * filename = "out.txt";
    int main() {
    char * buffer;
    long size;
    ifstream in (filename,ios::in|ios::binary|ios::ate);
    size = in.tellg();
    in.seekg (0,ios::beg);
    buffer = new char [size];
    in.read (buffer,size);
    in.close();
    cout << "the complete file is in a buffer";
```

```
    delete[] buffer;
    return 0;
}
```

5.文件综合操作

一条学生的记录包括学号、姓名和成绩等信息，要求进行如下读/写操作。

（1）格式化输入多条学生记录。

（2）以清晰的格式写入文件 stu.txt 中。

（3）以二进制方式写入文件 stu.dat 中。

（4）从文件中读取成绩并求平均值。

（5）将文件中的成绩进行排序并写回文件中。

（6）在文件中查找某个学生的信息，修改成绩并重新写入文件。

其代码如下：

```
#include <iostream>
#include <fstream>
using namespace std;
class Student
{
public:
    int id;
    char name[20];
    int score;
};
    int i=0;
    int count;
    void save()
{
    ofstream fout1("d:\\stu.txt");
    ofstream fout2("d:\\stu.dat",ios::binary);
    Student s;
    cout<<"请输入学生的学号、姓名和成绩:"<<endl;
    cin>>s.id>>s.name>>s.score;                //实现输入学生数据
    while(s.score>=0)
    {
    fout1<<s.id<<" "<<s.name<<" "<<s.score<<endl;
    //实现写入文件 stu.txt 的功能
    fout2.write((char *)&s,sizeof(Student));//实现写入文件 stu.dat 的功能
    cin>>s.id>>s.name>>s.score;
```

```
    i++;
    }
    fout1.close();
    fout2.close();
}

void average()
{
    ifstream fin("d:\\stu.dat");
    fin.seekg(0,ios::end);
    int pos=fin.tellg();
    count=pos/sizeof(Student);      //计算学生个数

Student s1;
    fin.seekg(0);
    fin.read((char *)&s1,sizeof(Student));
    cout<<s1.score<<endl;
    int sum=0;
    for(int i=0;i<count;i++)
    {

    sum=sum+s1.score;
    fin.seekg((i+1)*sizeof(Student));
    fin.read((char *)&s1,sizeof(Student));
    } //求成绩和
    cout<<"平均成绩为:"<<sum/count<<endl;
    fin.close();
}

void sort()
{
    ifstream fin2("d:\\stu.dat");
    fin2.seekg(0);
    ofstream fout3("d:\\stu.txt",ios::app);
    Student s4,s5;

    fin2.seekg(0);
    int k=sizeof(Student);
```

```
    fin2.read((char *)&s4,k);

    fin2.seekg(k);
    fin2.read((char *)&s5,k);

for(int j=0;j<count;j++)        //选择排序
{
    for(int q=j+1;q<count;q++)
    {
        if(s4.score<s5.score) s4=s5;
        fin2.seekg(q*k);
        fin2.read((char *)&s5,k);
        fout3<<s4.id<<" "<<s4.name<<" "<<s4.score<<endl;
        fin2.seekg((j)*k);
        fin2.read((char *)&s4,k);
    }
}
    fin2.close();
    fout3.close();
}
void searchWrite()
{
    ifstream fin1("d:\\stu.dat");
    cout<<"请输入学生的序号:"<<endl;
    int q;
    cin>>q;
    fin1.seekg((q-1)*sizeof(Student));
    Student s2;
    fin1.read((char *)&s2,sizeof(Student));
    cout<<"第"<<q<<"个学生信息:"<<s2.id<<" "<<s2.name<<" "<<
        s2.score<<endl;
    //显示
    fin1.close();

    fstream fio("c:\\stu.dat",ios::in|ios::out);
    Student s3;
    cout<<"输入修改信息:"<<endl;
    cin>>s3.id>>s3.name>>s3.score;
```

```
    fio.seekp((i-1)*sizeof(Student));
    fio.write((char *)&s3,
    sizeof(Student));        //写入文件
    fio.close();
}

void main()
{
    save();
    average();
    sort();
    searchWrite();
}
```

6.二进制文件操作

有 5 个员工的数据，包括员工的姓名、工号和周薪，要求：

（1）将它们存入磁盘文件中。

（2）将磁盘文件中的第 1、3、5 个员工的数据读入程序并显示出来。

（3）将第 3 个员工的数据修改后存回磁盘文件的原有位置。

（4）从磁盘文件读入修改后的 5 个员工的数据并显示出来。

（5）增添新员工的信息。

（6）删除第 1 个员工的信息。

其代码如下：

```
#include <iostream>
#include <fstream>
using namespace std;

class Worker
{
    public:
    char name[20];
    int id;
    int pay;
};

void main()
{ //将它们存入磁盘文件中
```

```
Worker a[5];
ofstream fout("c://员工管理系统.txt");
cout<<"please input the informations of the 5 workers:"<<endl;
for(int i=0;i<5;i++)
{
cin>>a[i].name>>a[i].id>>a[i].pay;


}
for(i=0;i<5;i++)
fout.write((char *)&a[i],sizeof(Worker));
//<<a[i].name<<" "<<a[i].id<<" "<<a[i].pay<<endl;fout.close();
//将磁盘文件中的第 1、3、5 个员工的数据读入程序并显示出来
ifstream fin("c://员工管理系统.txt");
fin.seekg(ios::beg);
cout<<"here is some information of worker1,3,5:"<<endl;

for(i=0;i<5;i=i+2)
cout<<a[i].name<<" "<<a[i].id<<" "<<a[i].pay<<endl;
fin.close();
//将第 3 个员工的数据修改后存回磁盘文件的原有位置
fstream fio("c://员工管理系统.txt");
Worker a1;
cout<<"输入修改信息:"<<endl;
cin>>a1.name>>a1.id>>a1.pay;
fio.seekg(ios::beg);
fio.seekp(2*sizeof(Worker));
fio.write((char *)&a1,sizeof(Worker));
cout<<a1.name<<" "<<a1.id<<" "<<a1.pay<<endl;

//从磁盘文件读入修改后的 5 个员工的数据并显示出来
Worker a3;
fio.seekg(ios::beg);
cout<<"new information:"<<endl;
for(i=0;i<5;i++)
{
fio.seekp(i*sizeof(Worker));
fio.read((char *)&a3,sizeof(Worker));
cout<<a3.name<<" "<<a3.id<<" "<<a3.pay<<endl;
```

```
}
fio.close();
//增添新员工的信息
Worker a4;
ofstream fout1("c://员工管理系统.txt",ios::app);
//设置文件提取方式为保留原数据，直接增加新数据
cout<<"please input the information of new worker:"<<endl;
cin>>a4.name>>a4.id>>a4.pay;
fout1<<a4.name<<" "<<a4.id<<" "<<a4.pay<<endl;

//删除第 1 个员工的信息
Worker a5;
fstream fio1("c://员工管理系统.txt");
//原理：先从文件中取出从第 2 个员工开始的数据再存入文件
ofstream fout2("c://员工管理系统.txt");
for(i=1;i<6;i++)
{
fio1.seekp(i*sizeof(Worker));
fio1.read((char *)&a5,sizeof(Worker));
fout2.write((char *)&a5,sizeof(Worker));
}

}
```

第11章　异常

实验目的：

（1）理解C++的异常处理机制；

（2）理解异常处理的声明和执行过程。

实验重难点：

（1）C++的异常处理机制；

（2）异常的执行过程。

11.1　基础知识

1.异常的语法格式

在C++中，异常的抛出和处理主要使用try、throw、catch三个关键字，其格式如下：

```
try{
   if(true)
      normal program-statements;        //没有触发异常时执行的代码
   if(false)
   throw { (exception);                 //出现错误时抛出的异常
      }catch(exception-declaration)     //异常捕捉
   handler-statements;                  //异常处理
   }
```

当想在程序中抛出一个异常时，代码可以如下：

```
#include <iostream>
#include <exception>
using namespace std;
int Div(int left,int right)
   { if(right==0)
      {
      throw exception("除数不能为0");
   }
   return left/right;
}
```

当想要使用这个函数时，需要在函数外部进行异常捕获：

```
int main(){
    try{
        Div(10,20);     //合法
        Div(10,30);     //合法
        Div(10,0);      //非法，会抛出异常
    }catch(exception & e){
        e.what();       //打印异常信息
    }
    return 0;
}
```

如果存在不同类型的异常，则其格式可以如下：

```
try{
    //包含可能抛出异常的语句
}catch(类型名 [形参名]){
    //可能出现的异常 1
}catch(类型名 [形参名]){
    //可能出现的异常 2
}catch(...){
    //如果不确定异常类型,则可以捕获所有类型异常
}
```

2.抛出与捕获异常

异常是通过抛出对象而引发的，该对象的类型决定了应该激活哪部分代码。

就上述代码来说，我们抛出了一个 exception 对象，因此在捕获异常时，最终会匹配到从 catch 到 exception 的代码块。

被选中的处理代码是调用链中与对象类型匹配且离抛出位置最近的代码。

当 try 内的代码块出现异常时，系统会根据 catch 的顺序和参数的匹配程度来选择执行哪个代码块，因此，系统会选择最靠前且参数最匹配的代码块。

抛出异常后会释放局部存储对象，所以被抛出的对象也就还给了系统，throw 表达式会初始化一个抛出特殊异常对象的副本（匿名对象），异常对象由编译器管理，异常对象在传送给相应的 catch 处理后再撤销。也就是说，在上述除法代码中，throw 的对象在抛出异常后会还给操作系统，而 throw 表达式会自己初始化一个匿名的对象副本，在传送给 catch 相应的代码块后被回收。

3.栈展开

当程序抛出异常时，会暂停当前执行的函数，开始查找匹配的 catch 语句。首先会检查 throw 是否在代码块内，若在代码块内，则会去查找匹配的 catch 语句，当有匹配的 catch 语句时，就进行处理，当没有匹配的 catch 语句时，就退出当前函数栈，继续在调用函数

的栈中进行查找，不断重复上述过程。当到达 main 函数栈时依旧没有匹配的 catch 语句时，就直接终止程序。

以上沿着调用链查找匹配的 catch 语句的过程称为栈展开。

找到匹配的 catch 语句并处理后，会沿着 catch 语句继续执行。

4.捕获异常的匹配规则

除以下几种情况外，异常对象类型与 catch 说明符的类型必须完全匹配。

（1）允许从非 const 对象到 const 类型对象的转换。

（2）允许从派生类型到基类类型的转换。

（3）允许将数组转换为指向数组类型的指针，将函数转换为指向函数的指针。

5.异常规范

在函数声明之后，列出该函数可能抛出的异常类型，并保证该函数不会抛出其他类型的异常。

（1）成员函数在类内声明和类外定义都必须有相同的异常规范。

（2）函数抛出一个没有被列在其异常规范中的异常时（且函数中抛出的异常没有在函数内部进行处理），系统调用 C++标准库中定义的函数 unexpected()。

（3）如果异常规范为 throw()，则表示不得抛出任何异常，该函数不用放在 try 块中。

（4）派生类的虚函数的异常规范必须与基类虚函数的异常规范一样或更严格（是基类虚函数的异常的子集），因为派生类的虚函数被指向基类类型的指针调用时不会违背基类成员函数的异常规范。

6.异常与构造&析构函数

构造函数完成对象的构造和初始化后，需要保证不在构造函数中抛出异常，否则可能导致对象不完整或没有完全初始化。

析构函数主要完成资源的清理，需要保证不在析构函数内抛出异常，否则可能导致资源泄漏（内存泄漏、句柄未关闭等）。

7.自定义异常类型

自定义异常类型的代码如下：

```
class Exception : public
exception { public:
    Exception(int errId = 0,const char * errMsg = "")
        :_errId(errId)
        ,_errMsg(errMsg){}
public:
    virtual const char*
        what() const{ cout<<"errId:"<<_errId<<endl;
        cout<<"errMsg:"<<_errMsg.c_str()<<endl;
        return _errMsg.c_str();
```

```
}
private:
    int _errId;
    string _errMsg;
}
```

自定义异常类型的测试代码如下：

```
void TestException(){
    throw Exception(1,"错误!");
}
int main(){
    try{
        TestException();
    } catch(exception &e){
        e.what();
    }
}
```

11.2 实验内容

带异常处理的客户关系系统的代码如下：

```
#include <iostream>
#include <string.h>
#include <fstream.h>
#include <stdlib.h>
#include <stdio.h>
//宏定义ASK(p)，用来新建一个客户
#define ASK(p) do{\
    p= new Customer;\
    if(p== NULL) { cout<<"内存错误! "<<endl;
    exit(-1);}\
    } while(0);

    //结构体，用来描述客户简明信息
    static struct shorts{
        char name[20];
        char business[30];
        double money;
    } cum[20]={{" "," ",0.0}};
```

```
    //结构体，用来描述信誉差的客户信息
    static struct bads{
        char name[20];
        char no[10];
        double money;
        int type;
    } bad[20]={{" "," ",0.0,0}};
class MyException
{
public:
    void PrintMessage();
    char cause[50];
    MyException(char *);
    virtual ~MyException();

};

MyException::MyException(char * in=0)
{
    strcpy(cause,in);
}

MyException::~MyException()
{
}
void MyException::PrintMessage()
{
    cout<<endl<<"Error:"<<cause<<endl;
}
class Customer
    {
    private:
        char name[20];                      //姓名
        char no[10];                        //客户号
        char ID[19];                        //身份证
        char sex[4];                        //性别
        int age;                            //年龄
        char city[20];                      //城市
        char business[30];                  //主要业务
```

```
        double money;                       //交易金额
        int type;                           //信誉度
        Customer * next;
    public:
        static int count;
        Customer();
        ~Customer();
        Customer * input(Customer *);       //添加新记录
        void display(Customer *);           //显示链表中的记录
        void save(Customer *);              //将记录存入指定文件
        Customer * load(Customer *);        //将文件Custom.dat里的记录装入内存
        Customer * delete_cus(Customer *);  //删除指定节点
        void short_cus(Customer *);         //建立简表文件Cus_short.dat
        Customer * bad_cus(Customer *);//建立信誉不好的客户文件
    Cus_bad.dat
        void find_cus(Customer *);          //查找满足条件的记录

        friend ostream &operator << (ostream & oc,Customer & obj);
        //重载<<
        friend istream &operator >> (istream & ic,Customer & obj);
        //重载>>
    };
int Customer::count = 0;                    //声明静态成员变量，说明记录数
Customer::Customer()
{
    next=NULL;
    name[0]='0';
    no[0]='0';
    ID[0]='0';
    sex[0]='0';
    age=0;
    business[0]='0';
    city[0]='0';
    type=0;
    money=0.0;
}

Customer::~Customer()
{
    if(next != NULL)
```

```
        delete next;
}
Customer * Customer::delete_cus(Customer * Cust)
{
    int choose;
    char name[20];
    char no[10];
    Customer * p,*old;
    p = old = Cust;
    cout<<endl<<endl;
    cout<<"\t 选择您要删除的客户关键字: "<<endl;
    cout<<"\t\t1. 客户的姓名"<<endl;
    cout<<"\t\t2. 客户的客户号"<<endl;
    cout<<"\t 请输入(1~2)进行选择: ";
    cin>>choose;
    if(choose>2 || choose<1)
    {
        cout<<"\t 输入错误，请重新输入(1~2)";
        cin>>choose;
    }
    switch(choose)
    {
    case 1:                                          //按姓名删除
        printf("\n\t 请输入要删除的客户姓名: ");
        gets(name);
        if(strcmp(name,"")==0)
        {
            MyException e("客户姓名不能为空! ");
            throw e;
        }
        while(p!=NULL)
        {
            if(strcmp(name,p->name)==0 && p==Cust)    //删除头节点
            {
                Cust=p->next;
                cout<<"节点成功删除! "<<endl;
                Cust->count --;
                break;
            }
            else if(strcmp(name,p->name)==0)          //删除一般节点
```

```
            {
               old->next=p->next;
               cout<<"节点成功删除！"<<endl;
               Cust->count--;
               break;
            }
            else                                    //没有找到要删除的节点，继续往后移动
            {
               old=p;
               p=p->next;
            }
         }

         if(p==NULL)
            cout<<"节点没有找到！"<<endl;
         break;
      case 2:                                       //按客户号删除
         printf("\n\t 请输入要删除的客户号：");
         gets(no);
         if(strcmp(no,"")==0)
         {
            MyException e("客户号不能为空！");
            throw e;
         }
         while(p!=NULL)
         {
          if(strcmp(no,p->no)==0 && p==Cust) //删除头节点
          {
            Cust=p->next;
               cout<<"节点成功删除！"<<endl;
               Cust->count --;
               break;
            }
            else if(strcmp(no,p->no)==0)        //删除一般节点
            {
               old->next=p->next;
               cout<<"节点成功删除！"<<endl;
               Cust->count --;
               break;
            }
```

```
            else    //没有找到要删除的节点，继续往后移动
            {
                old=p;
                p=p->next;
            }
        }
        if(p==NULL)
        cout<<"节点没有找到！"<<endl;

        break;
    }
    return Cust;
}

void Customer::display(Customer * Cust)
{
    int choose;
    while(1)
    {
        cout<<endl<<endl;
        cout<<"\t 选择您要显示的文件："<<endl;
        cout<<"\t\t1. 客户的全部信息"<<endl;
        cout<<"\t\t2. 客户的简明信息"<<endl;
        cout<<"\t\t3. 信誉不好的客户信息"<<endl;
        cout<<"\t\t0. 返回上级菜单"<<endl;
        cout<<"\t 请输入(0~3)进行选择：";
        cin>>choose;
        if(choose>3||choose<0)
        {
            cout<<"\t 输入错误，请重新输入(1~3)";
            continue;
        }
        switch(choose)
        {
        case 0:
            return;
        case 1:    //显示客户的全部信息
            {

            if(Cust->count==0)
```

```
    {
        cout<<"\t 文件中没有记录! "<<endl;
        return;
    }
    Customer *p=Cust;
    cout<<"\t 文件中有"<<Cust->count<<"条记录:"<<endl;
    cout<<"\t 姓名\t 客户号\t 身份证\t 性别\t 年龄\t 城市\t 业务\
        t 金额\t 信誉度\n";
    while(p!=NULL)
    {
    cout<<'\t'<<p->name<<'\t'<<p->no<<'\t'<<p->ID<<'\t'<<
        p->sex<<'\t'<<p->age<<'\t'<<p->city<<'\t'<< p->business<<
        '\t'<<p->money<<'\t'<<p->type<<'\n';
        p=p->next;
    }
    cout<<endl;
    break;
    }
case 2:         //显示客户的简明信息
    {
    ifstream in;
    in.open ("cus_short.dat",ios::in|ios::nocreate);
    if(!in)
    {
        cout<<"\t 文件不存在! "<<endl;
        MyException e("文件不能打开!");
        throw e;
        return;
    }
    cout<<"\t 读取文件…"<<endl;
    in.read((char *)cum,sizeof(cum));
    in.close();
    cout<<"\t 姓名\t 主要业务\t 交易金额\n";
    for(int i=0;i<20;i++)
    {
        if(cum[i].money==0.0) break;
        cout<<'\t'<<cum[i].name<<'\t'<<cum[i].business
            <<'\t'<<cum[i].money<<endl;
    }
    break;
```

```
            }
        case 3:    //显示信誉不好的客户信息
            {
            ifstream in;
            in.open("cus_bad.dat",ios::in|ios::nocreate);
            if(!in)
            {
                //cout<<"\t 文件不存在！ "<<endl;
                MyException e("文件不能打开！");
                throw e;
                return;
            }
            cout<<"\t 读取文件..."<<endl;
            in.read((char *)bad,sizeof(bad));
            in.close();
            cout<<"\t 姓名\t 客户号\t 交易金额\t 信誉度\n";
            for(int i=0;i<20;i++)
            {
                if(bad[i].type==0)break;
                cout<<'\t'<<bad[i].name<<'\t'<<bad[i].no<<'\t'<<
                    bad[i].money<<'\t'<<bad[i].type<<endl;
            }
            break;
            }
        }
    }
}

void Customer::find_cus(Customer * Cust)
{
    int choose;
    char name[20];
    char no[10];
    Customer * p;
    p=Cust;
    cout<<endl<<endl;
    cout<<"\t 选择您要查找的客户关键字："<<endl;
    cout<<"\t\t1. 按客户的姓名查找"<<endl;
    cout<<"\t\t2. 按客户的客户号查找"<<endl;
    cout<<"\t 请输入(1~2)进行选择：";
```

```
cin>>choose;
if(choose>2||choose<1)
{
    cout<<"\t 输入错误，请重新输入(1~2)";
    cin>>choose;
}
switch(choose)
{
case 1:         //按姓名查找
    printf("\n\t 请输入要查找的客户姓名：");
    gets(name);
    if(strcmp(name,"")==0)
    {
        MyException e("客户姓名不能为空！");
        throw e;
    }
    while(p!=NULL)
    {
        if(strcmp(name,p->name)==0)
        {
            cout<<"\n\t 客户信息已经找到："<<endl;
            cout<<"\t 姓名\t 客户号\t 身份证\t 性别\t 年龄\t 城市\t 业务\
                t 金额\t 信誉度\n";
            cout<<'\t'<<p->name<<'\t'<<p->no<<'\t'<<p->ID<<'\t'<<
                p->sex<<'\t'<<p->age<<'\t'<<p->city<<'\t'<<
                p->business<<'\t'<<p->money<<'\t'<<p->type<<endl;
            break;
        }
        else
            p=p->next;
    }
    if(p==NULL)
        cout<<"\n\t 没有找到您要查找的客户信息！"<<endl;
    break;
case 2:         //按客户号查找
    printf("\n\t 请输入要查找的客户号：");
    gets(no);
    if(strcmp(no,"")==0)
    {
        MyException e("客户号不能为空！");
```

```
            throw e;
        }
        while(p!=NULL)
        {
            if(strcmp(no,p->no)==0)
            {
                cout<<"\n\t 客户信息已经找到: "<<endl;
                cout<<"\t 姓名\t 客户号\t 身份证\t 性别\t 年龄\t 城市\t 业务\
                    t 金额\t 信誉度\n";
                cout<<'\t'<<p->name<<'\t'<<p->no<<'\t'<<p->ID<<'\t'<<
                    p->sex<<'\t'<<p->age<<'\t'<<p->city<<'\t'<<
                    p->business<<'\t'<<p->money<<'\t'<<p->type<<endl;
                break;
            }
            else
                p=p->next;
        }
        if(p==NULL)
            cout<<"\n\t 没有找到您要查找的客户信息! "<<endl;
        break;
    }
}

Customer * Customer::input(Customer * Cust)
{
    if(Cust->count==0)      //Cust 为空时是头节点
    {
    printf("\t 姓名:");
        gets(Cust->name);
        if(strcmp(Cust->name,"")==0)
        {
            MyException e("姓名不能为空! ");
            throw e;
        }

        printf("\t 客户号: ");
        gets(Cust->no);
        if(strcmp(Cust->no,"")==0)
        {
            MyException e("客户号不能为空! ");
```

```
        throw e;
    }

    printf("\t 身份证号:");
    gets(Cust->ID);
    if(strcmp(Cust->ID,"")==0)
    {
        MyException e("身份证号不能为空！");
        throw e;
}

    printf("\t 性别:");
    gets(Cust->sex);
    if(Cust->sex!="女"||Cust->sex!="男"||Cust->sex!="m"||Cust->sex!=
            "M"||Cust->sex!="F"||Cust->sex!="f")
    {
        MyException e("性别输入不对！");
        throw e;
    }

    cout<<"\t 年龄:";
    cin>>Cust->age;
    if(Cust->age<0||Cust->age>200)
    {
        MyException e("年龄输入不对！");
        throw e;
    }

    printf("\t 城市:");
    gets(Cust->city);
    if(strcmp(Cust->city,"")==0)
    {
        MyException e("所在城市不能为空！");
        throw e;
    }

    printf("\t 主要业务:");
    gets(Cust->business);
    if(strcmp(Cust->business,"")==0)
    {
```

```
        MyException e("主要业务不能为空! ");
        throw e;
    }

    cout<<"\t 交易金额:";
    cin>>Cust->money;
    if(Cust->money<0)
    {
        MyException e("交易金额不能为负数! ");
        throw e;
    }

    cout<<"\t 信誉度:";
    cin>>Cust->type;
    if(Cust->type<0||Cust->type>5)
    {
        MyException e("客户信誉度不正确，请输入 0~5 之间的数! ");
        throw e;
    }

    Cust->count++;
return Cust;
}
else
{
    Customer *tail,*temp;
    ASK(temp);
    tail=Cust;
    while(tail->next!=NULL)     //找到尾节点
        tail=tail->next;
    //输入新增节点的内容
    Cust->count++;
    cout<<endl;
    cout<<"\t 姓名:";
    cin>>temp->name;
    if(Cust->name=="")
    {
        MyException e("姓名不能为空! ");
        throw e;
    }
```

```
cout<<"\t 客户号: ";
cin>>temp->no;
if(Cust->no=="")
{
    MyException e("客户号不能为空! ");
    throw e;
}
cout<<"\t 身份证号:";
cin>>temp->ID;
if(Cust->ID=="")
{
    MyException e("身份证号不能为空! ");
    throw e;
}
cout<<"\t 性别:";cin>>temp->sex;
if(Cust->sex!="女"||Cust->sex!="男"||Cust->sex!=
    "m"||Cust->sex!="M"
    ||Cust->sex!="F"||Cust->sex!="f")
{
    MyException e("性别输入不对! ");
    throw e;
}
cout<<"\t 年龄:";
cin>>temp->age;
if(Cust->age<0||Cust->age>200)
{
    MyException e("年龄输入不对! ");
    throw e;
}
cout<<"\t 城市:";
cin>>temp->city;
if(Cust->city==" ")
{
    MyException e("所在城市不能为空! ");
    throw e;
}
cout<<"\t 主要业务:";
cin>>temp->business;
if(Cust->business==" ")
{
```

```
            MyException e("主要业务不能为空！");
            throw e;
        }
        cout<<"\t 交易金额:";
        cin>>temp->money;
        if(Cust->money<0)
        {
            MyException e("交易金额不能为负数！");
            throw e;
        }
        cout<<"\t 信誉度:";
        cin>>temp->type;
        if(Cust->type<0||Cust->type>5)
        {
            MyException e("客户信誉度不正确，请输入 0~5 之间的数！");
            throw e;
        }
        //将 temp 添加到尾节点
        tail->next=temp;
        tail=tail->next;
        return Cust;
    }
}

Customer * Customer::load(Customer * Cust)
{
    ifstream in;
    in.open("cust.dat",ios::in|ios::nocreate);
    if(!in)
    {
         //cout<<"\t 文件不能打开！"<<endl;
          MyException e("文件不能打开！");
          throw e;
          return Cust;
        }
        cout<<"\t 正在读取文件…"<<endl;
        int count;
        cin>>count;
        Customer *p,*old;
        while(Cust!=NULL)        //将链表清空
```

```
        Cust=Cust->next;
    p=old=Cust;
    int i;
    Cust->count=0;
    for(i=0;i<count && !in.eof();i++)
    {
        if(p!=NULL)      //读取一般节点
        {
            old=p;
            ASK(p);
            in>>*p;
            old->next=p;
        }
        else             //读取头节点
        {
            ASK(p);
            in>>*p;
            Cust=p;
        }
        Cust->count++;
    }
    in.close();
    cout<<"\t读取"<<Cust->count<<"条记录"<<endl;
    return Cust;

}

void Customer::save(Customer *Cust)
{
    if(Cust->count==0)
    {
        cout<<"\t 没有记录可存！"<<endl;
        return;
    }
    ofstream out;
    out.open("cust.dat",ios::out);
    if(!out)
    {
    //cout<<"\t 文件不能打开！"<<endl;
        MyException e("文件不能打开！");
```

```
        throw e;
        return;
    }
    cout<<"\t 正在保存文件…"<<endl;
    Customer * p;
    p=Cust;
    out<<p->count;while(p!=NULL)
    {
        out<<*p;
        p=p->next;
    }
    out.close();
    cout<<'\t'<<Cust->count<<"条记录已经存入文件! "<<endl;
}

ostream &operator<<(ostream &oc,Customer &obj)
{
    oc<<obj.name<<'\t';
    oc<<obj.no<<'\t';
    oc<<obj.ID<<'\t';
    oc<<obj.sex<<'\t';
    oc<<obj.age <<'\t';
    oc<<obj.city<<'\t';
    oc<<obj.business<<'\t';
    oc<<obj.money<<'\t';
    oc<<obj.type<<'\t';
    return oc;
}

istream &operator>>(istream &ic,Customer &obj)
{
    ic>>obj.name;
    ic>>obj.no;
    ic>>obj.ID;
    ic>>obj.sex;
    ic>>obj.age;
    ic>>obj.city;
    ic>>obj.business;
    ic>>obj.money;
    ic>>obj.type;
```

```
    return ic;
}

void Customer::short_cus(Customer *Cust)
{
    Customer *p;
    p=Cust;
    if(Cust->count==0)
    {
        cout<<"\t 没有可以用的记录! "<<endl;
        return;
    }
    for(int i=0;i<p->count;i++,p=p->next)
    {
        strcpy(cum[i].name,p->name);
        strcpy(cum[i].business,p->business);
        cum[i].money=p->money;
    }
    ofstream out;
    out.open("cus_short.dat",ios::out);
    if(!out)
    {
    //cout<<"\t 文件不能打开! "<<endl;
        MyException e("文件不能打开! ");
        throw e;
        return;
    }
    out.write((char *)cum,sizeof(cum)); //将结构数组中的内容写入文件
    out.close();
    cout<<Cust->count<<"条记录已经存入文件，内容如下："<<endl;
    cout<<"\t 姓名\t 业务\t 金额\n";
    for(i=0;i<p->count;i++)
    cout<<'\t'<<cum[i].name<<'\t'<<cum[i].business<<
        '\t'<<cum[i].money<<endl;
}

Customer * Customer::bad_cus(Customer *Cust)
{
    Customer *temp,*p;
    p=temp=Cust;
```

```
        if(Cust->count==0)                          //链表为空
        {
        cout<<"\t 没有可以用的文件！"<<endl;
        return Cust;
    }
    int j=0;
   for(int i=0;i<Cust->count;i++,p=p->next)     //链表不为空
   {
        if(p->type<=2)          //信誉度 type 小于 2，认为信誉差
        {
            strcpy(bad[j].name,p->name);
            strcpy(bad[j].no,p->no);
            bad[j].money=p->money;
            bad[j].type=p->type;
            j++;
        }
    }
    ofstream out;
    out.open("cus_bad.dat",ios::out);
    if(!out)
    {
        cout<<"\t 文件不能打开！"<<endl;
        MyException e("文件不能打开！");
        throw e;
        return Cust;
    }
    out.write((char *)bad,sizeof(bad));     //将结构数组 bad 中的记录写入文件
    out.close();
    cout<<j<<"条记录已经存入文件，内容如下："<<endl;
    cout<<"\t 姓名\t 客户号\t 金额\t 信誉度\n";
    for(i=0;i<j;i++)
    cout<<'\t'<<bad[i].name<<'\t'<<bad[i].no<<'\t'<<
        bad[i].money<<'\t'<<bad[i].type<<endl;
    return Cust;
}

void main()
{
    int choose;
    Customer *Cust;
```

```
cout<<"                                              "<<endl;
cout<<"            欢迎使用客户信息跟踪程序          "<<endl;
cout<<"                                              "<<endl;
cout<<endl<<endl;
ASK(Cust);
while(1)
{
    cout<<"\n\t1. 增加客户信息";
    cout<<"\n\t2. 显示客户信息";
    cout<<"\n\t3. 保存客户信息";
    cout<<"\n\t4. 读取客户信息";
    cout<<"\n\t5. 删除客户信息";
    cout<<"\n\t6. 建立客户简明信息";
    cout<<"\n\t7. 信誉度不好的客户信息";
    cout<<"\n\t8. 查找客户信息";
    cout<<"\n\t9. 退出程序";
    cout<<endl;
    cout<<"\t 请选择(1~9):";
    cin>>choose;
    if(choose<1||choose>9)
    {
        cout<<"\n\t 输入错误，请重新选择！";
        continue;
    }
    else
    {
        switch(choose)
        {
        case 1:
            Try
            {
                Cust=Cust->input(Cust);
            }
            catch(MyException &x)
            {
                x.PrintMessage();
            }
            break;
        case 2:
            Cust->display(Cust);
```

```
            break;
        case 3:
            try
            {
                Cust->save(Cust);
            }
            catch(MyException &x)
            {
                x.PrintMessage();
            }
            break;
        case 4:
            Try
            {
                Cust=Cust->load(Cust);
            }
            catch(MyException &x)
            {
                x.PrintMessage();
            }
            break;
        case 5:
            try
            {
                Cust=Cust->delete_cus(Cust);
            }
            catch(MyException &x)
            {
                x.PrintMessage();
            }
            break;
        case 6:
            Try
            {
                Cust->short_cus(Cust);
            }
            catch(MyException &x)
            {
                x.PrintMessage();
            }
```

```
                break;
            case 7:
                Try
                {
                    Cust=Cust->bad_cus(Cust);
                }
                catch(MyException &x)
                {
                    x.PrintMessage();
                }
                break;
            case 8:
                Try
                {
                    Cust->find_cus(Cust);
                }
                catch(MyException &x)
                {
                    x.PrintMessage();
                }
                break;
            case 9:
                delete Cust;
                return;
            }
        }
    }
}
```

第12章　多线程

实验目的：

（1）了解线程调度机制；

（2）理解线程同步机制；

（3）掌握线程设计方法。

实验重难点：

（1）线程创建的方法；

（2）线程的基本控制方法；

（3）线程间的同步控制方法。

12.1　基础知识

说到多线程编程，就不得不提及并行和并发，多线程是实现并发（并行）的一种手段。并行是指两个或多个独立的操作同时进行。注意这里是同时进行，区别于并发，在一个时间段内执行多个操作。在单核时代，多个线程是并发的，在一个时间段内轮流执行；在多核时代，多个线程可以实现真正的并行，在多核上真正独立地并行执行。例如：现在常见的4核4线程可以并行4个线程；4核8线程则是使用了超线程技术，把一个物理核模拟为2个逻辑核心，可以并行8个线程。

12.1.1　并发编程的方法

要实现并发，通常有两种方法：多进程并发和多线程并发。

1.多进程并发

使用多进程并发是将一个应用程序划分为多个独立的进程（每个进程只有一个线程），这些独立的进程间可以互相通信，共同完成任务。由于操作系统给进程提供了大量的保护机制，以避免一个进程修改另一个进程的数据，因此，使用多进程并发比多线程并发更容易写出安全的代码。但这也造就了多进程并发的以下两个缺点。

（1）在进程间通信，无论是采用信号、套接字，还是采用文件、管道等方式，要么是使用起来比较复杂，要么是速度较慢或者两者兼而有之。

（2）运行多个线程的开销很大，操作系统要分配很多资源来对这些进程进行管理。当多个进程并发完成同一个任务时，不可避免操作同一个数据和进程间的相互通信。

上述两个缺点也就决定了多进程并发不是一个好的选择。

2.多线程并发

多线程并发是指在同一个进程中执行多个线程。具有操作系统相关知识的读者应该知道，线程是轻量级的进程，每个线程可以独立运行不同的指令序列，但是线程不独立拥有资源，依赖于创建它的进程而存在。也就是说，同一进程中的多个线程共享相同的地址空间，可以访问进程中的大部分数据，指针和引用可以在线程间进行传递。这样，同一进程内的多个线程能够很方便地进行数据共享以及通信，因此比进程更适用于并发操作。由于缺少操作系统提供的保护机制，在多线程共享数据以及进行通信时，就需要程序员做更多的工作以保证对共享数据段的操作是不是按照预想的操作顺序进行的，并且要极力避免死锁（deadlock）。

12.1.2 C++ 11 的多线程初体验

C++ 11 的标准库中提供了多线程库，使用时需要#include <thread>头文件，该头文件主要包含线程的管理类 std::thread 以及其他与管理线程相关的类。下面是使用 C++多线程库的一个简单示例：

```
#include <iostream>
#include <thread>
using namespace std;

void output(int i)
{
    cout << i << endl;
}
int main()
{

    for (uint8_t i = 0;i<4;i++)
    {
        thread t(output,i);
        t.detach();
    }

    getchar();
    return 0;
}
```

在一个 for 循环内创建 4 个线程，并分别输出数字 0、1、2、3，且在每个数字的末尾输出换行符。语句 thread t(output,i)表示创建一个线程 t，该线程运行 output，第二个参数 i 是传递给 output 的参数。t 在创建完成后自动启动，t.detach()表示在后台无需等待该线程完成就可以继续执行后面的语句。这段代码的功能很简单，如果按照顺序执行，则其结果很容易预测，如下：

```
0\n 1\n 2\n 3\n
```

但是在并行多线程下，其执行的结果就多种多样了，图 12-1 是代码一次运行的结果。

图 12-1　代码一次运行的结果

从图 12-1 可以看出，首先输出 01，但并没有输出换行符，接着连续输出 2 个换行符。不是说并行吗？同时执行怎么还有先后的顺序？这就涉及多线程编程最核心的问题——资源竞争。CPU 有 4 核，可以同时执行 4 个线程，这没有问题，但是控制台只有 1 个，且同时只能有 1 个线程拥有这个唯一的控制台将数字输出。将上面代码创建的 4 个线程分别编号为 t0、t1、t2、t3，则输出的数字分别为 0、1、2、3。参照图 12-1 的执行结果，控制台拥有权的转移如下。

- 虽然 t0 拥有控制台，且输出了数字 0，但是其还没来得及输出换行符，控制台的拥有权就转移到了 t1，即输出 0。
- t1 完成自己的输出，t1 线程完成（1\n）。
- 控制台拥有权转移给 t0，输出换行符（\n）。
- t2 拥有控制台，完成输出（2\n）。
- t3 拥有控制台，完成输出（3\n）。

由于控制台是系统资源，因此这里控制台拥有权的管理是由操作系统完成的。但是，假如是多个线程共享进程空间的数据，那么需要自己编写代码控制每个线程何时能够拥有共享数据进行操作。共享数据的管理以及线程间的通信是多线程编程的两大核心。

1.线程管理

每个应用程序至少有一个进程，而每个进程至少有一个主线程，除主线程外，在一个进程中还可以创建多个线程。每个线程都需要一个入口函数，入口函数返回退出，该线程也会退出，主线程就是以 main 函数作为入口函数的线程。在 C++ 11 的线程库中，在类 std::thread 中管理线程，使用 std::thread 可以创建、启动一个线程，并可以将线程执行挂起、结束等操作。

2.启动一个线程

C++ 11 中的线程库启动一个线程是非常简单的，只需要创建一个 std::thread 对象就可以启动一个线程，并使用 std::thread 对象来管理该线程。代码如下：

```
do_task();
std::thread(do_task);
```

这里创建 std::thread 的传递函数，实际上其构造函数需要的是可调用（callable）类型，只要有函数调用类型的实例都可以。因此，除传递函数外，还可以使用 lambda 表达式。

3.lambda 表达式

使用 lambda 表达式启动线程输出数字，代码如下：

```
for(int i = 0;i < 4;i++)
{
    thread t([i]{
        cout << i << endl;
    });
        t.detach();
}
```

4.重载了()运算符的类的实例

使用重载了()运算符的类实现多线程数字输出，代码如下：

```
class Task
{
public:
    void operator()(int i)
    {
        cout << i << endl;
    }
};

int main()
{

    for (uint8_t i = 0;i < 4;i++)
    {
        Task task;
        thread t(task,i);
        t.detach();
    }
}
```

1）等待线程结束所采用的方式

当把函数对象传入 std::thread 的构造函数时，要注意 C++的一个语法解析错误（C++' s

most vexing parse)。向 std::thread 的构造函数中传入的是一个临时变量，而不是命名变量，因此会出现语法解析错误。代码如下：

```
std::thread t(Task());
```

这里相当于声明了一个函数 t，其返回类型为 thread，而不是启动了一个新的线程。可以使用新的初始化语法避免这种情况，如下：

```
std::thread t{Task()};
```

当线程启动后，一定要在与线程相关联的 thread 销毁前确定以何种方式等待线程执行结束。C++ 11 有两种方式可以等待线程结束。

（1）detach 方式：启动的线程自主在后台运行，当前代码继续往下执行，不等待新线程结束。前面的代码使用的就是这种方式。

（2）join 方式：等待启动的线程完成，才会继续往下执行。假如前面的代码使用这种方式，其输出就会是 0、1、2、3，因为每次都是前一个线程输出完成后才会进行下一个循环，启动下一个新线程。

无论什么情况，一定要在 thread 销毁前调用 t.join 或 t.detach，以决定线程采用哪种方式运行。当使用 join 方式时，会阻塞当前的代码，等待线程完成后退出才会继续向下执行；而使用 detach 方式则不会对当前的代码造成影响，当前的代码继续向下执行，创建的新线程同时并发执行。这时需要特别注意：创建的新线程对当前作用域的变量的使用，创建的新线程的作用域结束后，有可能线程仍在执行，这时局部变量随着作用域的完成都已销毁，如果线程继续使用局部变量的引用或指针，则会出现意想不到的错误，并且这种错误很难排查。例如：

```
auto fn = [](int *a){
    for (int i = 0;i < 10;i++)
    cout << *a << endl;
};

[]{
    int a = 100;
    thread t(fn,&a);
    t.detach();
}();
```

在 lambda 表达式中，使用 fn 启动了一个新线程，在这个新线程中使用了局部变量 a 的指针，并且将该新线程的运行方式设置为 detach。这样，在 lambda 表达式执行结束后，变量 a 被销毁，但是在后台运行的线程仍然在使用已销毁变量 a 的指针，其输出结果如图 12-2 所示。

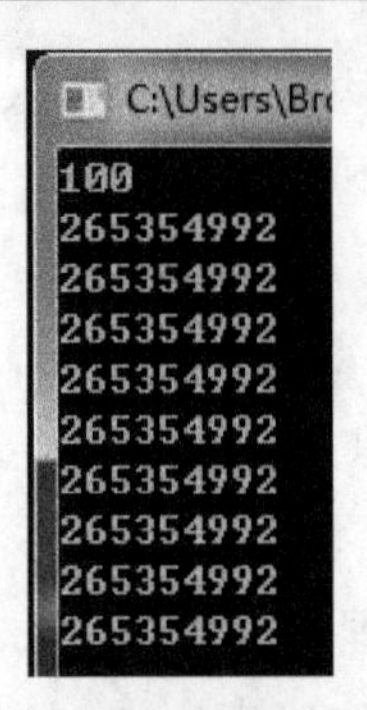

图 12-2 使用 fn 启动新线程的输出结果

从图 12-2 可以看出，只有第一个输出是正确的值，后面输出的值是 a 被销毁后的结果。所以当以 detach 方式执行线程时，要将线程访问的局部数据复制到线程的空间（使用值传递），一定要确保线程没有使用局部变量的引用或指针，除非你能肯定该线程会在局部作用域结束前执行结束。当然，使用 join 方式就不会出现这种问题，它会在作用域结束前完成退出。

2）异常情况下等待线程完成

当决定以 detach 方式让线程在后台运行时，可以在创建 thread 的实例后立即调用 detach，这样线程就会与 thread 的实例分离，即使出现 thread 的实例被销毁异常，仍然能保证线程在后台运行。当线程以 join 方式运行时，需要在主线程的合适位置调用 join 方式，如果调用 join 前出现了异常，thread 就会被销毁，线程会被异常所终结。为了避免出现将线程终结异常，或者由于某些原因，例如线程访问了局部变量，都要保证线程在函数退出前完成，要保证在函数退出前调用 join。代码如下：

```
void func() {
    thread t([]{
        cout << "hello C++ 11" << endl;
    });
    try
    {
        do_something_else();
    }
    catch (…)
    {
        t.join();
        throw;
    }
t.join();
}
```

以上代码能够保证在正常或异常的情况下都会调用 join 方式，这样线程一定会在函数 func 退出前完成。但是使用这种方式不但代码冗长，而且会出现一些作用域的问题，并不是一种很好的解决方法。

一种比较好的方法是资源获取即初始化（resource acquisition is initialization，RAII），该方法提供一个类，在析构函数中调用 join，代码如下：

```
class thread_guard
{
    thread &t;
public:
    explicit thread_guard(thread& _t) : t(_t){}

    ~thread_guard()
    {
        if (t.joinable())
            t.join();
    }
    thread_guard(const thread_guard&) = delete;
    thread_guard& operator=(const thread_guard&) = delete;
};

void func(){

    thread t([]{
        cout << "Hello thread" <<endl;
    });

    thread_guard g(t);
}
```

无论什么情况，当函数退出时，局部变量 g 会调用其析构函数并销毁，从而保证 join 一定会被调用。

5.向线程传递参数

向线程调用的函数传递参数也很简单，只需要在构造 thread 的实例时依次传入即可。例如：

```
void func(int *a,int n){}

int buffer[10];
thread t(func,buffer,10);
t.join();
```

需要注意的是，默认会将传递的参数以拷贝的方式复制到线程空间，即使参数的类型是引用。例如：

```
void func(int a,const string& str);
thread t(func,3,"hello");
```

func 的第二个参数是 string&，而传入的是一个字符串字面量。该字面量以 const char*类型传入线程空间后，在线程的空间内转换为 string。

如果在线程中使用引用来更新对象，就要注意了。默认是将对象拷贝到线程空间，其引用的是拷贝的线程空间的对象，而不是初始希望改变的对象。代码如下：

```
class _tagNode
{
public:
    int a;
    int b;
};

void func(_tagNode &node)
{
    node.a = 10;
    node.b = 20;
}

void f()
{
    _tagNode node;

    thread t(func,node);
    t.join();

    cout << node.a << endl;
    cout << node.b << endl ;
}
```

在线程内，将对象的字段 a 和 b 设置为新的值，但是在线程调用结束后，这两个字段的值并不会改变。这样，引用的实际上是局部变量 node 的一个拷贝，而不是 node 本身。在将对象传入线程的时候调用 std::ref，将 node 的引用传入线程，而不是一个拷贝，如下：

```
thread t(func,std::ref(node));
```

也可以使用类的成员函数作为线程函数，示例如下：

```
class _tagNode{
```

```
public:
    void do_some_work(int a);
};
_tagNode node;

thread t(&_tagNode::do_some_work,&node,20);
```

上面创建的线程会调用 node.do_some_work(20)，第三个参数为成员函数的第一个参数，依此类推。

6.转移线程的所有权

thread 是可移动的（movable），但是不可复制的（copyable）。可以通过 move 来改变线程的所有权，灵活决定线程在什么时候加入或者撤离。

```
thread t1(f1);
thread t3(move(t1));
```

将线程从 t1 转移给 t3，这时 t1 就不再拥有线程的所有权，调用 t1.join 或 t1.detach 会出现异常，要使用 t3 来管理线程。这也就意味着 thread 可以作为函数的返回类型，或者作为参数传递给函数，能够更方便管理线程。

线程的标识类型为 std::thread::id，该类型有两种方式可获得线程的 id，即通过 thread 的实例调用 get_id()直接获取和在当前线程上调用 this_thread::get_id()获取。

12.2 实验内容

多线程在 Window 下的代码如下：

```
#include "stdafx.h"
#include <process.h>
using namespace std;
#ifndef _THREAD_SPECIFICAL_H
#define _THREAD_SPECIFICAL_H

#include <windows.h>
static unsigned int stdcall threadFunction(void *);
class Thread {
friend unsigned int stdcall threadFunction(void *);
public:
Thread();
virtual ~Thread();
```

```
int start(void * = NULL);
void * wait();
void stop();
void detach();
static void sleep(unsigned int);

protected:
virtual void * run(void *) = 0;

private:
HANDLE threadHandle;
bool started;
bool detached;
void * param;
unsigned int threadID;
};
unsigned int stdcall threadFunction(void * object)
{
Thread * thread = (Thread *) object;
return (unsigned int ) thread->run(thread->param);
}

Thread::Thread()
{

started = false;
detached = false;
}

Thread::~Thread()
{
stop();
}
int Thread::start(void* pra)
{
if (!started)
{
param = pra;
```

```
if (threadHandle = (HANDLE)_beginthreadex(
   NULL,0,threadFunction,this,0,&threadID))
{
if (detached)
{

CloseHandle(threadHandle);
}
started = true;
}
}
return started;
}
void * Thread::wait()
{
DWORD status = (DWORD) NULL;
if (started && !detached)
{
WaitForSingleObject(threadHandle,INFINITE);
GetExitCodeThread(threadHandle,&status);
CloseHandle(threadHandle);
detached = true;
}
return (void *)status;
}
void Thread::detach()
{
if (started && !detached)
{
CloseHandle(threadHandle);
}
detached = true;
}
void Thread::stop()
{
if (started && !detached)
{
TerminateThread(threadHandle,0);
```

```
//Closing a thread handle does not terminate
//the associated thread.
//To remove a thread object,you must terminate the thread,
//then close all handles to the thread.
//The thread object remains in the system until
//the thread has terminated and all handles to it have been
//closed through a call to CloseHandle CloseHandle(threadHandle);
detached = true;
}
}
void Thread::sleep(unsigned int delay)
{
::Sleep(delay);
}
```

第 13 章　C/S 模型

实验目的：
（1）熟悉 C/S 模型构架；
（2）熟悉 TCP 编程；
（3）熟悉 UDP 编程。
实验重难点：
（1）TCP 编程；
（2）UDP 编程。

13.1　基础知识

13.1.1　TCP 编程

TCP 编程流程如图 13-1 所示。

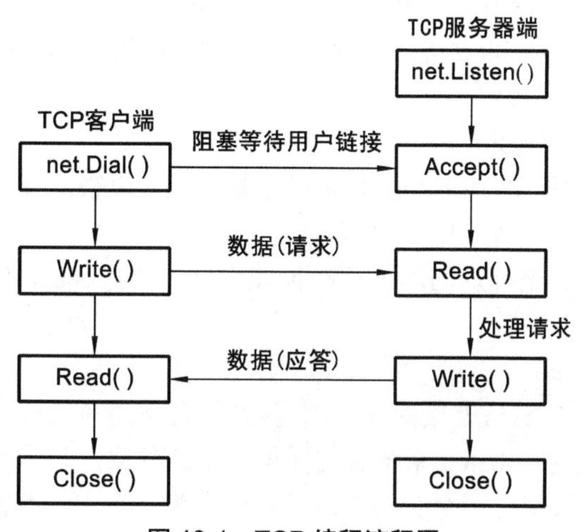

图 13-1　TCP 编程流程图

1.服务器端编程

在服务器端编程的步骤如下。
第一步：创建 socket（套接字）。
为了执行网络 I/O，进程必须做的第一件事就是调用 socket 函数，指定期望的通信协议类型。在UNIX/Linux操作系统中，一切皆文件，socket也不例外，它就是可读、可写、可控制、可关闭的文件描述符。以下是创建socket（套接字）的系统调用。

```
#include <sys/type.h>
#include <sy/socket.h>
int socket(int domain.int type,int protocol);
```

成功时返回一个socket（套接字），失败时返回−1，并设置error为相应的错误码。其中：domain表示系统是调用PF_INET(ipv4)底层协议族还是调用PF_INET6(ipv6)底层协议族；type参数用于指定服务类型是SOCK_STREAM（流服务）还是SOCK_UGRAM（数据报服务）；protocol表示在前两个协议的结合下选择一个具体的协议，默认值为0，一般使用默认协议。

第二步：命名socket（套接字）。

创建socket（套接字）时，给它指定了地址族，但是并未指定使用该地址族中的哪个具体socket地址。将socket（套接字）与地址协议族中的某个socket地址绑定，成功时返回0，失败时返回−1，并设置error为相应的错误码。只有当服务器端有命名时，客户端才能知道该如何连接它，客户端通常不需要命名socket（套接字），而是采用匿名的方式，即使用操作系统自动分配的socket（套接字）。命名socket（套接字）用bind()系统调用。

```
#include <sys/types.h>
#include <sys/socket.h>
int bind(int sockfd,const struct sockaddr* my_addr,socklen_t addrlen);
```

其中：bind将my_addr所指的socket地址分配给为命名的sockfd文件描述符；addrlen参数指出socket地址的长度。bind成功时返回0，失败则返回−1，并设置error的相应错误码。

常见错误包含以下两方面。

（1）EACCES被绑定的地址是受保护的地址，仅可以被超级用户访问；普通用户绑定0~1023的端口号时会返回EACCES错误。

（2)EADDRINUSE被绑定的地址正在被使用，比如将socket绑定到正处于time_wait状态的地址上。

第三步：监听socket。

socket命名之后还不能马上接受客户端连接，需要使用系统调用来创建一个监听队列以存放待处理的客户连接。listen系统调用需做以下两件事。

（1）当socket函数创建一个套接口时，它假设为一个主动套接口，也就是说，它是一个将调用connect发起连接的客户套接口，listen函数将未连接的套接口转换成被动套接口，指示内核应接受指向套接口的连接请求。调用listen函数导致套接口从CLOSED状态转换为LISTEN状态。

（2）函数的第二个参数在Linux和UNIX系统中有区别，具体如下。

- 为了理解参数backlog，必须明白，对于给定的监听套接口，内核需要维护两个队列：①未完成连接队列，为每个这样的SYN分节开设一个条目，即由客户已发出并到达服务器，服务器正在等待完成相应的 TCP 三次握手过程，这些套接口都处于 SYN_RCV 状态；②已完成连接队列，为每个已完成 TCP 三次握手过程的客户开设一个条目，这些套接口都处于 ESTABLISHED 状态。

- 在 Linux 系统中，backlog 参数是以上两个队列和的最大值，在 UNIX 系统中，backlog 参数是已完成 TPC 三次握手的队列的最大值。

```
#include <sys\socket.h>
int listen(int sockfd,int backlog);
```

其中：sockfd 参数指定被监听的 socket；backlog 参数表示内核监听队列的最大长度。

第四步：接受连接。

接受连接是指从 listen 监听队列中接受一个连接，若已完成三次握手的队列为空，则进程阻塞。

```
#include <sys/types.h>
#include <sys/socket.h>
int accept(int sockfd,struct sockaddr *addr,socklen_t *addrlen);
```

其中：sockfd 参数是执行过 listen 系统调用的监听 socket（套接字）；addr 参数用来获取被接受连接的远端 socket 地址，该 socket 地址的长度由 addrlen 参数指出；accept 成功时返回一个新的连接 socket（套接字），该 socket（套接字）唯一地标识了被接受的这个连接，服务器可通过读/写该 socket（套接字）来与被接受连接的客户端通信。accept 失败时返回－1。

第五步：发起连接。

如果服务器通过 listen 调用来被动接受连接，那么客户端需要通过如下系统调用主动与服务器建立连接。

```
#include <sys/types.h>
#include <sys/socket.h>
int connect(int sockfd,const struct sockaddr *serv_addr,socklen_t
addrlen);
```

其中：sockfd 参数由 socket 系统调用并返回一个 socket；serv_addr 参数为服务器监听的 socket 地址；addrlen 参数用于指定服务器监听的 socket 地址的长度。

第六步：关闭连接。

关闭一个连接实际上就是关闭该连接对应的 socket（套接字），这可以通过如下关闭普通文件描述符的系统调用来完成。

```
#include <unistd.h>
int close(int fd);
```

fd 参数是一个待关闭的 socket（套接字），close 系统调用并非总是立即关闭一个连接，而是将 fd 的引用计数器减 1。只有当 fd 的引用计数器为 0 时，才表示真正关闭连接。在多进程中，一次 fork 系统调用默认将使父进程中打开的 socket（套接字）的引用计数器加 1，因此必须在父进程和子进程中对该 socket（套接字）执行 close 调用才能将连接关闭。

第七步：接收和发送数据。

对文件的读/写操作同样适用于 socket（套接字），但是 socket 编程接口提供了几个专门用于 socket 数据读/写的系统调用，以 tcp 流语句读/写为例：

```
# include <sys/types.h>
# incldue <sys/socket.h>
ssize_t recv(int sockfd,void *buf,size_t len,int flags);
ssize_t send(int sockfd,const void *buf,size_t len,int flags);
```

2.客户端编程

客户端编程的步骤与服务器端编程的步骤类似。

13.1.2 UDP 编程

1.服务器端编程

服务器端编程的步骤如下。

第一步：创建 socket 对象 socket.SOCK_DGRAM。

第二步：绑定 IP、Port、bind()方法。

第三步：传输数据。

（1）接收数据 socket.recvfrom(bufsize[,flags])，获得一个二元组（string,address）。

（2）发送数据 socket.sendto(string,address)给某地址。

第四步：释放资源。

2.客户端编程

客户端编程的步骤如下。

第一步：创建 socket 对象 socket.SOCK_DGRAM。

第二步：发送数据 socket.sendto(string,address)给某地址。

第三步：接收数据 socket.recvfrom(bufsize[,flags])，获得一个二元组（string,address）。

第四步：释放资源。

注意：UDP 是无连接协议，因此可以只要有任意一端就可，例如当客户端数据发往服务器端时，服务器端存在与否无所谓。

13.2 实验内容

1.服务器端的设计

服务器端的设计代码如下：

```
include <iostream>
#define WIN32_LEAN_AND_MEAN
```

```
#include <windows.h>
#include <winsock2.h>
#include <ws2tcpip.h>
#include <stdlib.h>
#include <stdio.h>
#include <iostream>
#include <string>
#include <cstring>
#include <vector>
#include <sstream>

#pragma comment (lib,"Ws2_32.lib")
#pragma comment (lib,"Mswsock.lib")
#pragma comment (lib,"AdvApi32.lib")

#define DEFAULT_BUFLEN 512
#define DEFAULT_PORT "27015"
using namespace std;
typedef struct Date {
   float m1;
   float m2;
   float m3;
   float m_roll;
   float m_pitch;
   float m_rotate;
} Datablock;
string test;
void splitEx(vector<string>&strs,const string& src,
   string separate_character)
{

   int separate_characterLen = separate_character.size();
   int lastPosition = 0,index = -1;
   while (-1 != (index = src.find(separate_character,lastPosition)))
   {
      strs.push_back(src.substr(lastPosition,index - lastPosition));
      lastPosition = index + separate_characterLen;
   }
```

```
    string lastString = src.substr(lastPosition);
    if (!lastString.empty())
        strs.push_back(lastString);
}
float str_float(string a) {
    float b;
    stringstream ss;
    ss << a;
    ss >> b;
    return b;
}
int main()
{
    WSADATA wsaData;
    SOCKET ConnectSocket = INVALID_SOCKET;
    struct addrinfo *result = NULL,
        *ptr = NULL,
        hints;
    char recvbuf[DEFAULT_BUFLEN];
    int iResult;
    int recvbuflen = DEFAULT_BUFLEN;

    iResult = WSAStartup(MAKEWORD(2,2),&wsaData);
    if (iResult != 0) {
        printf("WSAStartup failed with error:%d\n",iResult);
        return 1;
    }
    ZeroMemory(&hints,sizeof(hints));
    hints.ai_family = AF_UNSPEC;
    hints.ai_socktype = SOCK_STREAM;
    hints.ai_protocol = IPPROTO_TCP;
    string ip;
    cout << "please enter server ip:" << endl;
    cin >> ip;
    cout << "server ip is:" << ip << endl;

    iResult = getaddrinfo(ip.c_str(),DEFAULT_PORT,&hints,&result);
```

```
if (iResult != 0) {
    printf("getaddrinfo failed with error:%d\n",iResult);
    WSACleanup();
    return 1;
}

for (ptr = result;ptr != NULL;ptr = ptr->ai_next) {

    ConnectSocket = socket(ptr->ai_family,ptr->ai_socktype,

        ptr->ai_protocol);
    if (ConnectSocket == INVALID_SOCKET) {
        printf("socket failed with error:%ld\n",WSAGetLastError());
        WSACleanup();
        return 1;
    }

    iResult = connect(ConnectSocket,ptr->ai_addr,
        (int)ptr->ai_addrlen);
    if (iResult == SOCKET_ERROR) {
        closesocket(ConnectSocket);
        ConnectSocket = INVALID_SOCKET;
        continue;
    }
    break;
}
cout << "Connect Success!" << endl;
freeaddrinfo(result);

if (ConnectSocket == INVALID_SOCKET) {
    printf("Unable to connect to server!\n");
    WSACleanup();
    return 1;
}

Datablock resu_data;
while (true) {
```

```
        int len = recv(ConnectSocket,recvbuf,sizeof(recvbuf),0);
        if (len > 0)
        {
            vector<string>result;
            cout << "customer is saying: " << recvbuf << endl;
            string test = recvbuf;
            cout << test << endl;
            splitEx(result,test,"~");
            test = result[0];
            resu_data.m1 = str_float(result[1]);
            resu_data.m2 = str_float(result[2]);
            resu_data.m3 = str_float(result[3]);
            resu_data.m_roll = str_float(result[4]);
            resu_data.m_pitch = str_float(result[5]);
            resu_data.m_rotate = str_float(result[6]);
            cout << result[0] << endl;
            cout << resu_data.m1 << endl;
            cout << resu_data.m2 << endl;
            cout << resu_data.m3 << endl;
            cout << resu_data.m_roll << endl;
            cout << resu_data.m_pitch << endl;
            cout << resu_data.m_rotate << endl;
            memset(recvbuf,0,sizeof(recvbuf));
        }

    }

    return 0;
}
```

2.客户端的设计

客户端的设计代码如下：

```
#include <iostream>
#undef UNICODE
#define WIN32_LEAN_AND_MEAN

#include <windows.h>
#include <winsock2.h>
```

```
#include <ws2tcpip.h>
#include <stdlib.h>
#include <stdio.h>
#include <fstream>
#include <iostream>
#include <string>
using namespace std;
//Need to link with Ws2_32.lib #pragma comment (lib,"Ws2_32.lib")
//#pragma comment (lib,"Mswsock.lib")

#define DEFAULT_BUFLEN 512
#define DEFAULT_PORT "27015"

int main1()//cdecl
{
WSADATA wsaData;
int iResult;
   SOCKET ListenSocket = INVALID_SOCKET;
   SOCKET ClientSocket = INVALID_SOCKET;

   struct addrinfo *result = NULL;
   struct addrinfo hints;

   int iSendResult;
   char recvbuf[DEFAULT_BUFLEN];
   int recvbuflen = DEFAULT_BUFLEN;

   iResult = WSAStartup(MAKEWORD(2,2),&wsaData);
   if (iResult != 0) {
      printf("WSAStartup failed with error:%d\n",iResult);
      return 1;
   }

   ZeroMemory(&hints,sizeof(hints));
   hints.ai_family = AF_INET;
   hints.ai_socktype = SOCK_STREAM;
   hints.ai_protocol = IPPROTO_TCP;
   hints.ai_flags = AI_PASSIVE;
```

```
iResult = getaddrinfo(NULL,DEFAULT_PORT,&hints,&result);
if (iResult != 0) {
   printf("getaddrinfo failed with error:%d\n",iResult);
   WSACleanup();
   return 1;
}

ListenSocket = socket(result->ai_family,result->ai_socktype,
  result->ai_protocol);
if (ListenSocket == INVALID_SOCKET) {
   printf("socket failed with error:%ld\n",WSAGetLastError());
   freeaddrinfo(result);
   WSACleanup();
   return 1;
}

iResult = bind(ListenSocket,result->ai_addr,
   (int)result->ai_addrlen);
if (iResult == SOCKET_ERROR) {
   printf("bind failed with error:%d\n",WSAGetLastError());
   freeaddrinfo(result);
   closesocket(ListenSocket);
   WSACleanup();
   return 1;
}

freeaddrinfo(result);

iResult = listen(ListenSocket,SOMAXCONN);
if (iResult == SOCKET_ERROR) {
   printf("listen failed with error:%d\n",WSAGetLastError());
   closesocket(ListenSocket);
   WSACleanup();
   return 1;
}

ClientSocket = accept(ListenSocket,NULL,NULL);
```

```
if (ClientSocket == INVALID_SOCKET) {
    printf("accept failed with error:%d\n",WSAGetLastError());
    closesocket(ListenSocket);
    WSACleanup();
    return 1;
}

    printf("accept success:\n");

    closesocket(ListenSocket);

    string shader_modifiy;
    std::fstream file_read;
    file_read.open("shader_test.txt",std::ios::in);
    std::string transmit;
    while (getline(file_read,transmit)) {
        shader_modifiy += transmit;
    }
    shader_modifiy += '\0';
    file_read.close();
    char *p = new char[shader_modifiy.length()];
    for (int i = 0;i < shader_modifiy.length();i++) {
        p[i] = shader_modifiy[i];
}
string shader_modifiy1 = p;
delete[]p;
shader_modifiy1 += "~";

while (true) {

    cout << "input by start,stop by end: " << endl;
    cout << "please sending context: ";
    while (cin.getline(recvbuf,500))
    {

        string rcover = recvbuf;
        if (rcover == "end")break;
        if (rcover == "start") {
```

```
                char transmit1[100];
                cin.getline(transmit1,100);
                string transmit_str = transmit1;
                transmit_str += '\0';
                string transmit_string = shader_modifiy1 + transmit_str;
                char *p1 = new char[transmit_string.length()];
                for (int i = 0;i < transmit_string.length();i++) {
                    p1[i] = transmit_string[i];
                }
                send(ClientSocket,p1,strlen(p1) + 1,0);
                delete[] p1;
            }
        }
    }
    return 0;
}
```

第 14 章　与数据库链接

实验目的：

（1）掌握 select 语句的基本语法，加深学生对查询语句概念的理解；

（2）掌握简单的单表查询；

（3）掌握连接查询。

实验重难点：

（1）C++的 cout、cin 用法；

（2）程序的书写规范。

14.1　基础知识

1.创建数据库

创建数据库的格式如下：

```
CREATE DATABASE database-name
```

2.删除数据库

删除数据库的格式如下：

```
drop database dbname
```

3.备份 SQL Server

（1）创建备份数据的 device USE master 的格式如下：

```
EXEC sp_addumpdevice 'disk','testBack','c:\mssql7backup\MyNwind_1.dat'
```

（2）开始备份时的格式如下：

```
BACKUP DATABASE pubs TO testBack
```

4.创建新表

创建新表的格式如下：

```
create table tabname(col1 type1 [not null] [primary key],col2 type2 [not null],…)
```

根据已有的表创建新表的格式如下：

（1）`create table tab_new like tab_old`（使用旧表创建新表）

（2）`create table tab_new as select col1,col2…from tab_old definition only`

5.删除新表

删除新表的格式如下：

```
drop table tabname
```

6.增加一列

增加一列的格式如下：

```
Alter table tabname add column col type
```

注意：列增加后将不能删除。DB2 中加上列后，数据类型也不能改变，唯一能改变的是增加 varchar 类型的长度。

7.添加/删除主键

（1）添加主键的格式如下：

```
Alter table tabname add primary key(col)
```

（2）删除主键的格式如下：

```
Alter table tabname drop primary key(col)
```

8.创建/删除索引

（1）创建索引的格式如下：

```
create [unique] index idxname on tabname(col…)
```

（2）删除索引的格式如下：

```
drop index idxname
```

注意：索引是不可更改的，若想更改，则必须删除后再重新创建。

9.创建/删除视图

（1）创建视图的格式如下：

```
create view viewname as select statement
```

（2）删除视图的格式如下：

```
drop view viewname
```

10. 基本的 SQL 语句

选择语句的格式如下：

```
select * from table1 where 范围
```

插入语句的格式如下：

```
insert into table1(field1,field2) values(value1,value2)
```

删除语句的格式如下：

```
delete from table1 where 范围
```

更新语句的格式如下：

```
update table1 set field1=value1 where 范围
```

查找语句的格式如下：

```
select * from table1 where field1 like '%value1%'
```

排序语句的格式如下：

```
select * from table1 order by field1,field2 [desc]
```

总数语句的格式如下：

```
select count as totalcount from table1
```

求和语句的格式如下：

```
select sum(field1) as sumvalue from table1
```

平均语句的格式如下：

```
select avg(field1) as avgvalue from table1
```

最大语句的格式如下：

```
select max(field1) as maxvalue from table1
```

最小语句的格式如下：

```
select min(field1) as minvalue from table1
```

11.高级查询运算词

（1）UNION 运算符。

UNION 运算符通过组合其他两个结果表（如 TABLE1 和 TABLE2）并消去表中的重复行而派生出的一个结果表。当 ALL 随 UNION 一起使用时（即 UNION ALL），不消除重复行。两种情况下，派生表的每一行不是来自 TABLE1 就是来自 TABLE2。

（2）EXCEPT 运算符。

EXCEPT 运算符通过包括所有在 TABLE1 中但不在 TABLE2 中的行并消除所有重复行而派生出的一个结果表。当 ALL 随 EXCEPT 一起使用时（即 EXCEPT ALL），不消除重复行。

（3）INTERSECT 运算符。

INTERSECT 运算符通过只包括 TABLE1 和 TABLE2 中都有的行并消除所有重复行而派生出的一个结果表。当 ALL 随 INTERSECT 一起使用时（即 INTERSECT ALL），不消除重复行。

注意：使用运算词的几个查询结果必须是一致的。

12.使用外连接

（1）左外连接或左连接（left（outer）join）。

结果集既包括连接表的匹配行，也包括左连接表的所有行。

```
SQL:select a.a,a.b,a.c,b.c,b.d,b.f from a LEFT OUT JOIN b ON a.a = b.c
```

（2）右外连接或右连接（right（outer）join）。

结果集既包括连接表的匹配连接行，也包括右连接表的所有行。

（3）全外连接（full/cross（outer）join）。

不仅包括符号连接表的匹配行，还包括两个连接表中的所有记录。

13.分组

一张表，一旦分组完成，查询后就只能得到与组相关的信息。

在 SQL Server 中分组时，不能以 text、ntext、image 类型的字段作为分组依据；而 select 统计函数中的字段时，不能与普通的字段放在一起。

14.对数据库进行操作

分离数据库为 sp_detach_db；附加数据库为 sp_attach_db，其后接表名，且需要附加完整的路径名。

15.如何修改数据库的名称

其格式如下：

```
sp_renamedb 'old_name','new_name'
```

14.2 实验内容

1.环境配置

安装 mysql，新建一个 C++控制台工程（从最简单的开始，掌握了这个，可以往任何 C++工程移植）。在 VS 2015 中通过设置工程→属性→VC++目录→包含目录，将 mysql server\include 的绝对路径添加进去，例如 C:\Program Files\MySQL\MySQL Server 5.6\include。将 mysql server\lib 文件夹下的 libmysql.lib 和 libmysql.dll 拷贝到工程目录下（也可以将整个 include 文件拷贝到工程目录下，然后在 VC++目录里设置相对路径）即可。

如果安装的是 wamp 这种集成开发包，找不到 include 和 lib 也没关系，随便寻找一个免安装版的 mysql，将其根目录下的 include 文件夹、libmysql.lib 及 libmysql.dll 拷贝到工程目录，然后设置 VC++目录即可。

新建一个数据库 test，建立一张表 user，如表 14-1 所示。

表14-1　建立一张表user

ID	Name	Password	Email
1	Zhangsan	123456	zb@qq.com
2	Lisan	Baaa	lis@163.com
3	Wangwu	Cchhh	wac@ynzu.cn
4	Sunliu	Ddd33	sdd@sina.com
5	Qianjun	asdfg	ddds@sina.com

为工程添加附加依赖项 wsock32.lib 和 libmysql.lib，一种方式是通过工程→属性→链接器→输入→附加依赖项，另一种是在程序开头使用#pragma comment(lib,"xxx.lib")。

2.为程序添加头文件

为程序添加头文件"mysql.h"和 WinSock.h，代码如下：

```
#include <stdio.h>
#include <WinSock.h>             //或者 winsock2.h
#include "include/mysql.h"       //引入 mysql 头文件
#include <Windows.h>
#pragma comment(lib,"wsock32.lib")

//包含附加依赖项，也可以在工程→属性里设置
#pragma comment(lib,"libmysql.lib")
MYSQL mysql;                  //mysql 连接 MYSQL_FIELD
*fd;                          //字段列数组
char field[32][32];           //保存字段名二维数组
MYSQL_RES *res;               //这个结构代表返回行的一个查询结果集
MYSQL_ROW column;             //一个行数据的类型安全(type-safe)，表示数据行的列
char query[150];              //查询语句

bool ConnectDatabase();       //函数声明
void FreeConnect();
bool QueryDatabase1();        //查询 1
bool QueryDatabase2();        //查询 2
bool InsertData();
bool ModifyData();
bool DeleteData();
int main(int argc,char **argv)
{
    ConnectDatabase();
    QueryDatabase1();
    InsertData();
    QueryDatabase2();
    ModifyData();
    QueryDatabase2();
    DeleteData();
    QueryDatabase2();
    FreeConnect();
```

```
    system("pause");
    return 0;
}
//连接数据库
bool ConnectDatabase()
{
    //初始化 mysql
    mysql_init(&mysql);         //连接 mysql 数据库

    //返回 false 表示连接失败，返回 true 表示连接成功
    if (!(mysql_real_connect(&mysql,"localhost",
        "root","","test",0,NULL,0)))
    //中间分别是主机、用户名、密码、数据库名、端口号（可以默认为 0 或 3306 等），
      可以先写成参数再传递进去
    {
        printf("Error connecting to database:%s\n",mysql_error(&mysql));
        return false;
    }
    else
    {
        printf("Connected…\n");
        return true;
    }
}
//释放资源
void FreeConnect()
{
    //释放资源
    _free_result(res);
    mysql_close(&mysql);
}
/******************************数据库操作*****************************/
//其实所有的数据库操作都是先写一条 SQL 语句，然后使用 mysql_query(&mysql,query)
  来完成，包括创建数据库或表，增、删、改、查
//查询数据
bool QueryDatabase1()
{
    sprintf(query,"select * from user");
```

```
//执行查询语句，这里是查询所有语句，user 是表名，不用加引号，使用 strcpy 也可以
mysql_query(&mysql,"set names gbk");
//设置编码格式（SET NAMES GBK 也行），否则 cmd 下的中文为乱码
//返回 0 表示查询成功，返回 1 表示查询失败
if(mysql_query(&mysql, query))      //执行 SQL 语句
{
   printf("Query failed (%s)\n",mysql_error(&mysql));
   return false;
}
else
{
   printf("query success\n");
}
//获取结果集
if (!(res=mysql_store_result(&mysql))) //获得 SQL 语句结束后返回的结果集
{
   printf("Couldn't get result from %s\n",mysql_error(&mysql));
   return false;
}

   //打印数据行数
   printf("number of dataline returned:%d\n",
      mysql_affected_rows(&mysql));

   //获取字段的信息
   char *str_field[32];     //定义一个字符串数组来存储字段信息
   for(int i=0;i<4;i++)     //在已知字段数量的情况下获取字段名
   {
      str_field[i]=mysql_fetch_field(res)->name;
   }
   for(int i=0;i<4;i++)     //打印字段
      printf("%10s\t",str_field[i]);
   printf("\n");
   //打印获取的数据
   while (column = mysql_fetch_row(res))
      //在已知字段数量的情况下，获取并打印下一行
   {
      printf("%10s\t%10s\t%10s\t%10s\n",column[0],column[1],
```

```
        column[2],column[3]);
      //column 是列数组
    }
    return true;
}
bool QueryDatabase2()
{
    mysql_query(&mysql,"set names gbk");
    //返回 0 表示查询成功，返回 1 表示查询失败
    if(mysql_query(&mysql,"select * from user"))      //执行 SQL 语句
    {
        printf("Query failed (%s)\n",mysql_error(&mysql));
        return false;
    }
    else
    {
        printf("query success\n");
    }
    res=mysql_store_result(&mysql);
    //打印数据行数
    printf("number of dataline returned:%d\n",
        mysql_affected_rows(&mysql));
    for(int i=0;fd=mysql_fetch_field(res);i++)  //获取字段名
        strcpy(field[i],fd->name);
    int j=mysql_num_fields(res);                //获取列数
    for(int i=0;i<j;i++)                        //打印字段
        printf("%10s\t",field[i]);
    printf("\n");
    while(column=mysql_fetch_row(res))
    {
        for(int i=0;i<j;i++)
            printf("%10s\t",column[i]);
        printf("\n");
    }
    return true;
}
//插入数据
bool InsertData()
```

```
{
    sprintf(query,"insert into user values (NULL,'Lilei','wyt2588zs',
        'lilei23@sina.cn');");        //可以想办法实现手动在控制台输入指令
    if(mysql_query(&mysql,query))   //执行 SQL 语句
    {
        printf("Query failed (%s)\n",mysql_error(&mysql));
        return false;
    }
    else
    {
        printf("Insert success\n");
        return true;
    }
}
//修改数据
bool ModifyData()
{
    sprintf(query,"update user set email='lilei325@163.com'
        where name='Lilei'");
    if(mysql_query(&mysql,query))         //执行 SQL 语句
    {
        printf("Query failed (%s)\n",mysql_error(&mysql));
        return false;
    }
    else
    {
        printf("Insert success\n");
        return true;
    }
}
//删除数据
bool DeleteData()
{

/*sprintf(query,"delete from user where id=6");*/ char query[100];
printf("please input the sql:\n");
gets(query);                        //这里手动输入 SQL 语句
if(mysql_query(&mysql,query))  //执行 SQL 语句
```

```
    {
        printf("Query failed (%s)\n",mysql_error(&mysql));
        return false;
    }
    else
    {
    printf("Insert success\n"); return true;
    }
}
```

第 15 章　综合实例

实验目的：

（1）熟悉 C++程序的编写思路；

（2）熟悉系统设计的思路；

（3）掌握程序的书写规范。

实验重难点：

（1）完整构建系统；

（2）程序的书写规范。

实验内容

学生管理系统的代码如下：

```
#include <iostream>
#include <iomanip>
#include <string>

using namespace std;
typedef struct student {
    unsigned m_id;
    string m_name;
    unsigned m_age;
    string m_sex;
    string m_address;
    string m_contact;
    string m_dormitory;
    struct student *m_next;
} student;

class CStudent {
private:
    student *head;
public:
```

```
    CStudent() {
        head = new student;
        head -> m_id = 0;
        head -> m_name = "noname";
        head -> m_next = NULL;
    }
    ~CStudent() {
        student *p = head,*q;
        while(p) {
            q = p;
            p = q -> m_next;
            delete q;
        }
    }
    student readdata(int model);
    //model = 1:不读取学号; 2:不读取姓名; 其他: 读取所有信息
    void entering();
    bool insert(const student &astu);
    student *findid(unsigned id) const;
    student *findname(const string &name) const;
    student *findsex(const string &sex) const;
    student *finddormitory(const string &dormitory) const;
    unsigned boys() const;
    unsigned girls() const;
    unsigned headcount() const;
    bool eraseid();
    bool erasename();
    bool modifyid();
    bool modifyname();
    void Show() const;
    void query() const;
    void friend statistics(const CStudent &aclss);
    void friend erase(CStudent &aclss);
    void friend modify(CStudent &aclss);
};

string readstring()
    { string str;
    while(cin.get() != '\n');
```

```
    cin>>str;
    return str;
}

student CStudent::readdata(int model)
    { student tmp;
    if(model != 1) { cout << "学号:";cin >> tmp.m_id;}
    if(model != 2) { cout << "姓名:";tmp.m_name = readstring();}
    cin >> tmp.m_age;
    cout << "性别:";
    tmp.m_sex = readstring();
    cout << "住址:";
    tmp.m_address = readstring();
    cout << "联系方式:";
    tmp.m_contact = readstring();
    cout << "寝室:";
    tmp.m_dormitory = readstring();
    return tmp;
}

void CStudent::entering()
    { student tmp;
    cout << "学号(0 to return):";
    cin >> tmp.m_id;
    while(tmp.m_id) {
        if(findid(tmp.m_id) == NULL)
            { cout << "姓名:";
            tmp.m_name = readstring();
            cout << "年龄:";
            cin >> tmp.m_age;
            cout << "性别:";
            tmp.m_sex = readstring();
            cout << "住址:";
            tmp.m_address = readstring();
            cout << "联系方式:";
            tmp.m_contact = readstring();
            cout << "寝室:";
            tmp.m_dormitory = readstring();
            insert(tmp);
```

```
        }
        else cout << "重复的学号:" << tmp.m_id << endl;
        cout << "学号(0 to return):";
        cin >> tmp.m_id;
    }
}

student *CStudent::findid(unsigned id) const { student *p;
for(p = head;p->m_next;p = p->m_next) if(p->m_next->m_id == id) return p;
return NULL;
}

student *CStudent::findname(const string &name) const
    { student *p;
    for(p = head;p->m_next;p = p->m_next)
        if(p->m_next->m_name == name) return p;
    return NULL;
}
student *CStudent::findsex(const string &sex) const
    { student *p;
    for(p = head;p->m_next;p = p->m_next)
        if(p->m_next->m_sex == sex) return p;
    return NULL;
}

student *CStudent::finddormitory(const string &dormitory) const
    { student *p;
    for(p = head;p->m_next;p = p->m_next)
        if(p->m_next->m_dormitory == dormitory) return p;
    return NULL;
}

bool CStudent::insert(const student &astu)
    { student *newnode,*p = head;
        if(p->m_next == NULL) {
            p->m_next = new student(astu);
            p->m_next->m_next = NULL;
            return true;
        }
```

```
    while(p->m_next) {
        if(p->m_next->m_id == astu.m_id)
            { cout << "重复的学号，插入失败!\n";
            return false;
        }
        if(p->m_next->m_id > astu.m_id)
            { newnode = new student(astu);
            newnode->m_next = p->m_next;
            p->m_next = newnode;
            return true;
        }
        p = p->m_next;
    }
    p->m_next = new student(astu);
    p->m_next->m_next = NULL;
    return true;
}

unsigned CStudent::boys() const
    { unsigned cnt = 0;
    student *p;
    for(p = head->m_next;p;p = p->m_next)
        if(p->m_sex == "男") ++cnt;
    return cnt;
}

unsigned CStudent::girls() const
    { unsigned cnt = 0;
    student *p;
    for(p = head->m_next;p;p = p->m_next)
        if(p->m_sex == "女") ++cnt;
    return cnt;
}

unsigned CStudent::headcount() const
    { unsigned cnt = 0;
    student *p;
    for(p = head->m_next;p;p = p->m_next,++cnt);
    return cnt;
```

```
    }

    bool CStudent::eraseid()
        { student *q,*p;unsigned id;
        cout << "输入要删除的学号:";
        cin >> id;
        p = findid(id);
        if(p == NULL) {
            cout << "没有找到学号是\"" << id << "\"的学生，删除失败!\n";
            return false;
        }
        q = p->m_next;
        p->m_next = q->m_next;
        delete q;
        return true;
    }
    bool CStudent::erasename()
        { student *q,*p;
        string name;
        cout << "输入要删除人的姓名:";
        name = readstring();
        p = findname(name);
        if(p == NULL) {
        cout << "没有找到姓名是\"" << name << "\"的学生，删除失败!\n";
        return false;
    }
    q = p->m_next;
    p->m_next = q->m_next;
    delete q;
    return true;
}

bool CStudent::modifyid()
    { student tmp,*p;
    unsigned id;
    cout << "输入要修改的学号:";
    cin >> id;
    p = findid(id);
    if(p == NULL) {
```

```
        cout << "没有找到学号是\"" << id << "\"的学生，修改失败!\n";
        return false;
    }
    tmp = readdata(1);
    tmp.m_id = id;
    *p = tmp;
    return true;
}

bool CStudent::modifyname()
    { student *p,tmp;
    string name;
    cout << "输入要修改人的姓名:";
    name = readstring();
    p = findname(name);
    if(p == NULL) {
        cout << "没有找到姓名是\"" << name << "\"的学生，修改失败!\n";
        return false;
    }
    tmp = readdata(2);
    tmp.m_name = name;
    *p = tmp;
    return true;
}

int menu() {
    int choice;
    do {
        system("cls");
        cout << "\t******************************\n";
        cout << "\t*        学生基本信息管理系统      *\n";
        cout << "\t*            cyg             *\n";
        cout << "\t*============================*\n";
        cout << "\t*        1.录入学生信息         *\n";
        cout << "\t*        2.显示学生信息         *\n";
        cout << "\t*        3.查询学生信息         *\n";
        cout << "\t*        4.添加学生信息         *\n";
        cout << "\t*        5.统计学生信息         *\n";
        cout << "\t*        6.删除学生信息         *\n";
```

```
        cout << "\t*       7.修改学生信息          *\n";
        cout << "\t*       0.退出管理系统          *\n";
        cout << "\t*******************************\n";
        cout << "\n\t 请选择:";
        cin >> choice;
    } while (choice < 0 || choice > 7);
    return choice;
}

void show(student *p) {
    cout << p->m_id << " " << p->m_name << " " << p->m_age << " ";
    cout << p->m_sex << " " << p->m_address << " ";
    cout << p->m_contact << " " << p->m_dormitory << endl;
}

void CStudent::Show() const
    { student *p;
    cout << " \n";
    for(p = head->m_next;p;p = p->m_next) show(p);
    cout << " \n";
    system("pause");
}

void CStudent::query() const
    { int select;
    unsigned id;
    string name;
    student *p;
    cout << "1.按学号查询\n 2.按姓名查询\n 0.返回\n";
    cin >> select;
    switch(select) {
        case 1 : cout << "请输入学号:";cin >> id;
            if(p = findid(id)) show(p->m_next);
            break;
        case 2:cout << "请输入姓名:";name = readstring();
            if(p = findname(name)) show(p->m_next);
            break;
        case 0: return;
        default : cout << "选择错误 \n";
```

```
    }
    system("pause");
}

void statistics(const CStudent &a)
    { unsigned total = a.headcount();
    unsigned boys = a.boys();
    unsigned girls = a.girls();
    cout << "学生总数:" << total << "人 \n";
    cout << "其中，男生:" << boys << "名";
    cout << "女生:" << girls << "名 \n";
    system("pause");
}

void erase(CStudent &a)
    { int select;
    unsigned id;
    string name;
    student *p,*q;
    cout << "1.按学号删除\n 2.按姓名删除\n 0.返回\n";
    cin >> select;
    switch(select) {
        case 1 : cout << "请输入学号:";cin >> id;
            if(p = a.findid(id)) {
                q = p->m_next;
                p->m_next = q->m_next;
                delete q;
                cout << "成功删除 " << id << "的信息。\n";
            }
            break;
        case 2 : cout << "请输入姓名:";name = readstring();
            if(p = a.findname(name)) {
                q = p->m_next;
                p->m_next = q->m_next;
                delete q;
                cout << "成功删除" << name << "的信息。\n";
            }
            break;
        case 0 : return;
```

```
        default : cout << "选择错误 \n";
    }
    system("pause");
}

void modify(CStudent &a)
    { int select;
    cout << "1.按学号修改\n 2.按姓名修改\n 0.返回\n";
    cin >> select;
    switch(select) {
        case 1 : if(a.modifyid()) cout << "修改成功 \n"; break;
        case 2 : if(a.modifyname()) cout << "修改成功 \n"; break;
        case 0 : return;
        default : cout << "选择错误 \n";
    }
    system("pause");
}
int main() {
    CStudent a;
    int an;
    do {
        an = menu();
        switch(an) {
            case 1 : a.entering();break;
            case 2 : a.Show();break;
            case 3 : a.query();break;
            case 4 : a.entering();break;
            case 5 : statistics(a);break;
            case 6 : erase(a);break;
            case 7 : modify(a);break;
            case 0 : break;
            default : cout << "选择错误 \n";break;
        }
    }while(an);return 0;
}
```

附录A　Visual Studio Code及C/C++插件

A.1　Visual Studio Code 及 C/C++插件的安装

1.安装 Visual Studio Code

请打开官方网址（https://code.visualstudio.com/）下载编辑器，并一直选择默认安装即可。

2.安装 cpptools 插件

安装 cpptools 插件的方式有两种：一种是点击 Visual Studio Code 的插件图标，然后弹出查找插件的窗口，再搜索 cpptools；另一种是按 Ctrl+P 快捷键调出 Visual Studio Code 的 shell，输入 ext install cpptools。任选其中一种即可，如图 A-1 所示。具体详情请参考：https://marketplace.visualstudio.com/items?itemName=ms-vscode.cpptools。

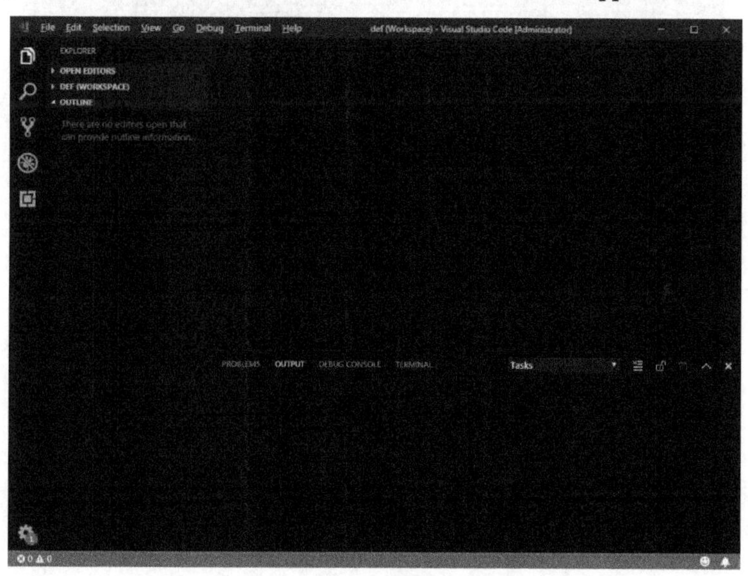

图 A-1　安装 cpptools 插件

3.安装 Code Runner 插件

安装 Code Runner 插件（见图 A-2），可以动态运行选中的代码区块，具体详情请参考：https://marketplace.visualstudio.com/items?itemName=formulahendry.code-runner。

4.安装 Native Debug 插件

安装 Native Debug 插件（见图 A-3），可用于实现 gdb 图形化调试 C/C++程序等功能，具体详情请参考：https://marketplace.visualstudio.com/items?itemName=webfreak.debug。

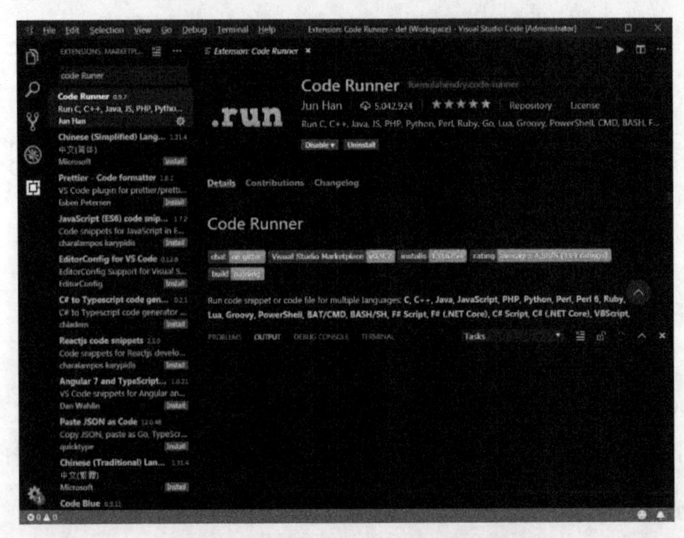

图 A-2　安装 Code Runner 插件

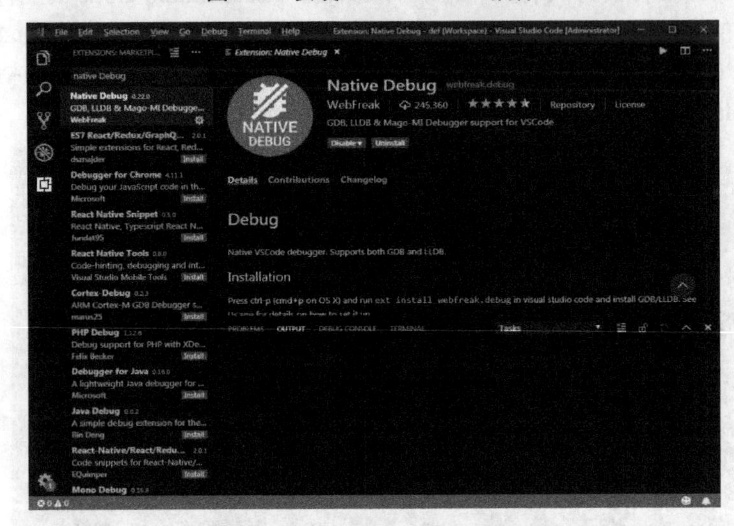

图 A-3　安装 Native Debug 插件

5.重启 Visual Studio Code

安装完以上插件后，重启 Visual Studio Code，让安装的插件生效。

A.2　使用 Visual Studio Code 与 GCC 共同调试 C/C++程序

A.2.1　安装 GCC 工具链

在 Windows 上可以安装 Cygwin 或 MinGW，如果 linux/os x 上默认没有安装，也可以网上搜索相应的命令行安装。

Cygwin 的下载网址为：https://cygwin.com/install.html。MinGW 的下载网址为：

http://mingw.org/。这里以 Cygwin 为例，注意选择适合你计算机系统的安装文件，64 位系统请选择 x86_64 对应的安装文件。具体安装过程可以自己百度，要注意的是，安装时，一定要选中 gcc、g++、gdb、make 等开发工具包。设置 GCC 环境变量，将 GCC 工具链路径“c:/cygwin/bin”加入 Windows 系统环境变量中。

1.调试 C/C++程序

使用 Visual Studio Code 在 hello 目录下新建一个源文件 hello.cpp，如图 A-4 所示。

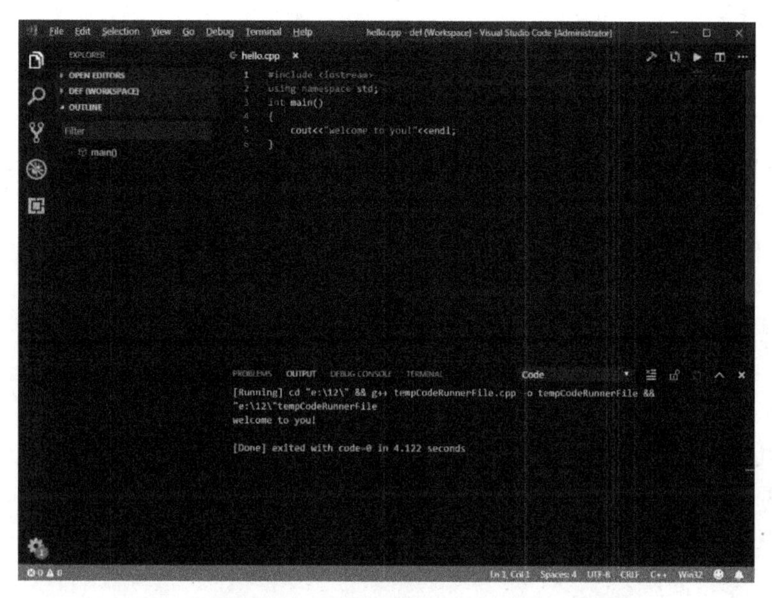

图 A-4 在 hello 目录下新建一个源文件 hello.cpp

A.2.2 设置编译构建环境

在 Visual Studio Code 中点击 hello.c 并回到 hello.c 文件，按 Ctrl+Shift+B 快捷键构建可执行文件。此时 Visual Studio Code 会报错，在 Visual Studio Code 的顶栏会显示“No task runner configured”，只需点击右边的“Configure task runner”按钮来生成 task.jason 即可。

A.2.3 构建 hello.exe

按 Ctrl+Shift+B 快捷键将 hello.c 编译为 hello.exe，这时你会发现 Visual Studio Code 的左边栏中多了一个 hello.exe 文件。

附录 B　向量与字符串

B.1　向量

1.尾部局部元素扩张

尾部局部元素扩张的代码如下：

```
#include <vector>
#include <iostream>
using namespace std;
int main()
{
vector<int> v;
v.push_back(2);
v.push_back(7);
v.push_back(9);
cout<<v[0]<<v[1]<<v[2];
return 0;
```

2.以下标方式访问 vector 元素

以下标方式访问 vector 元素的代码如下：

```
int main()
{
vector<int> v(3);
v[0]=1;
v[1]=2;
v[2]=3;
cout<<v[0]<<v[1]<<v[2];
return 0;
}
```

3.使用迭代器访问 vector

使用迭代器访问 vector 的代码如下：

```
#include <vector>
#include <iostream>
```

```
using namespace std;
int main()
{
vector<int> v(3);
v[0]=1;
v[1]=2;
v[2]=3;
vector<int>::iterator it;
for(it=v.begin();it!=v.end();it++)
cout<<*it<<",";
return 0;
}
```

4.元素的插入

元素的插入的代码如下：

```
#include <vector>
#include <iostream>
using namespace std;
int main()
{
vector<int> v(3);
v[0]=1;
v[1]=2;
v[2]=3;
v.insert(v.begin(),8);
v.insert(v.begin()+2,4);
v.insert(v.end(),7);
vector<int>::iterator it;
for(it=v.begin();it!=v.end();it++)
cout<<*it<<",";
return 0;
}
```

5.元素的删除

元素的删除的代码如下：

```
#include <vector>
#include <iostream>
using namespace std;
int main()
```

```
{
vector<int> v(10);
for(int i=0;i<10;i++)
    v[i]=i;
    v.erase(v.begin()+2);
vector<int>::iterator it;
for(it=v.begin();it!=v.end();it++)
cout<<*it<<"->";
cout<<endl;
    v.erase(v.begin()+1,v.begin()+5);
for(it=v.begin();it!=v.end();it++)
cout<<*it<<"->";
cout<<endl;
    v.clear();
cout<<v.size()<<endl;
return 0;
}
```

6.向量的大小

向量的大小的代码如下：

```
#include <vector>
#include <iostream>
using namespace std;
int main()
{
vector<int> v(10);
for(int i=0;i<10;i++)
    v[i]=i;
cout<<v.size()<<endl;
cout<<v.empty()<<endl;
    v.clear();
cout<<v.empty()<<endl;
return 0;
}
```

7.向量的反向排列

向量的反向排列的代码如下：

```
#include <vector>
#include <iostream>
```

```
#include <algorithm>
using namespace std;
int main()
{
vector<int> v(10);
for(int i=0;i<10;i++)
   v[i]=i;
reverse(v.begin(),v.end());
vector<int>::iterator it;
for(it=v.begin();it!=v.end();it++)
   cout<<*it<<"->";
   cout<<endl;
   return 0;
}
```

8.使用 sort 排序

使用 sort 排序的代码如下：

```
#include <vector>
#include <iostream>
#include <algorithm>
using namespace std;
int main()
{
vector<int> v(10);
for(int i=0;i<10;i++)
   v[i]=9-i;
vector<int>::iterator it;
for(it=v.begin();it!=v.end();it++)
cout<<*it<<"->";
   cout<<endl;
sort(v.begin(),v.end());
for(it=v.begin();it!=v.end();it++)
   cout<<*it<<"->";
   cout<<endl;
   return 0;
}
```

B.2 字符串

1.创建 string 对象

创建 string 对象的代码如下：

```
#include <string>
#include <iostream>
using namespace std;
int main()
{
    string s;
    cout<<s.length()<<endl;
    return 0;
}
```

2.给 string 对象赋值

给 string 对象赋值的代码如下：

```
#include <string>
#include <iostream>
using namespace std;
int main()
{
    string s;
    s="hello,C++ STL";
    cout<<s<<endl;
    return 0;
}
```

```
#include <string>
#include <iostream>
using namespace std;
int main()
{
    string s;
    char ss[5000];
    gets(ss);
    s=ss;
    cout<<s<<endl;
    return 0;
```

```
}
```

3.从 string 对象尾部添加字符

从 string 对象尾部添加字符的代码如下：

```
#include <string>
#include <iostream>
using namespace std;
int main()
{
    string s;
    s=s+'a';
    s=s+'b';
    s=s+'c';
    cout<<s<<endl;
    return 0;
}
```

4.从 string 尾部追加字符串

从 string 尾部追加字符串的代码如下：

```
#include <string>
#include <iostream>
using namespace std;
int main()
{
    string s;
    s=s+"abc";
    s=s+"123";
    cout<<s<<endl;
    return 0;
}
#include <string>
#include <iostream>
using namespace std;
int main()
{
    string s;
    s.append("abc");
    s.append("123");
    cout<<s<<endl;
```

```
    return 0;
}
```

5.给string插入字符

给string插入字符的代码如下：

```
#include <string>
#include <iostream>
using namespace std;
int main()
{
    string s;
    s="123456";
    string::iterator it;
    it=s.begin();
    s.insert(it+1,'p');
    cout<<s<<endl;
    return 0;
}
```

6.访问string对象的元素

访问string对象的元素的代码如下：

```
#include <string>
#include <iostream>
using namespace std;
int main()
{
    string s;
    s="abc123456";
    cout<<s[0]<<endl;
    cout<<s[0]-'a'<<endl;
    return 0;
}
```

7.删除string对象元素

删除string对象元素的代码如下：

```
#include <string>
#include <iostream>
using namespace std;
int main()
```

```
{
    string s;
    s="abc123456";
    string::iterator it=s.begin();
    s.erase(it+3);
    cout<<s<<endl;
    s.erase(it,it+4);
    cout<<s<<endl;
    cout<<s.length()<<endl;
    return 0;
}
```

8.返回 string 对象的长度

返回 string 对象的长度的代码如下：

```
#include <string>
#include <iostream>
using namespace std;
int main()
{
    string s;
    s="abc123456";
    cout<<s.length()<<endl;
    s=" ";
    cout<<s.empty()<<endl;
    return 0;
}
```

9.替换 string 对象的字符

替换 string 对象的字符的代码如下：

```
#include <string>
#include <iostream>
using namespace std;
int main()
{
    string s;
    s="abc123456";
    s.replace(3,3,"good");
    cout<<s<<endl;
    return 0;
```

```
}
```

10.搜索 string 对象的元素或子串

搜索 string 对象的元素或子串的代码如下：

```
#include <string>
#include <iostream>
using namespace std;
int main()
{
    string s;
    s="cat dog cat";
    cout<<s.find('c')<<endl;
    cout<<s.find("c")<<endl;
    cout<<s.find("cat")<<endl;
    cout<<s.find("dog")<<endl;
    cout<<s.find("dogc")<<endl;
    return 0;
}
```

11.string 对象的比较

string 对象的比较的代码如下：

```
#include <string>
#include <iostream>
using namespace std;
int main()
{
    string s;
    s="cat dog cat";
    cout<<s.compare("cat")<<endl;
    cout<<s.compare("cat dog cat")<<endl;
    cout<<s.compare("dog")<<endl;
    return 0;
}
```

12.string 反向排序

string 反向排序的代码如下：

```
#include <string>
#include <iostream>
#include <algorithm>
```

```
using namespace std;
int main()
{
    string s;
    s="123456789";
    cout<<s<<endl;
    reverse(s.begin(),s.end());
    cout<<s<<endl;
    return 0;
}
```

13.string 对象作为 vector

string 对象作为 vector 的代码如下：

```
#include <string>
#include <iostream>
#include <algorithm>
#include <vector>
using namespace std;
int main()
{
    vector<string> v;
    v.push_back("Jack");
    v.push_back("Mike");
    v.push_back("Tom");
    cout<<v[0]<<endl;
    cout<<v[1]<<endl;
    cout<<v[2]<<endl;
    cout<<v[0][0]<<endl;
    cout<<v[1][0]<<endl;
    cout<<v[2].length();
    return 0;
}
```

14.string 对象的数字化处理

string 对象的数字化处理的代码如下：

```
#include <string>
#include <iostream>
#include <algorithm>
#include <vector>
```

```
using namespace std;
int main()
{
    string s;
    s="1234059";
    int sum=0;
    for(int i=0;i<s.length();i++)
    switch(s[i])
    {
    case '0':sum+=0;break;
    case '1':sum+=1;break;
    case '2':sum+=2;break;
    case '3':sum+=3;break;
    case '4':sum+=4;break;
    case '5':sum+=5;break;
    case '6':sum+=6;break;
    case '7':sum+=7;break;
    case '8':sum+=8;break;
    case '9':sum+=9;
    }
    cout<<sum<<endl;
    return 0;
}
```

15.string 对象与字符数组互操作

string 对象与字符数组互操作的代码如下：

```
#include <string>
#include <iostream>
using namespace std;
int main()
{
    string s;
    char ss[100];
    gets(ss);
    s=ss;
    printf(s.c_str());
    cout<<endl;
    puts(ss);
```

```
    cout<<endl;
    cout<<s<<endl;
    cout<<ss<<endl;
    return 0;
}
```

16.string 对象与 sscanf()

string 对象与 sscanf()的代码如下：

```
#include <string>
#include <iostream>
using namespace std;
int main()
{
    string s1,s2,s3;
    char sa[100],sb[100],sc[100];
    sscanf("abc 123 pc","%s %s %s",sa,sb,sc);
    s1=sa;
    s2=sb;
    s3=sc;
    cout<<s1<<","<<s2<<","<<s2<<endl;
    int a,b,c;
    sscanf("1 2 3","%d %d %d",&a,&b,&c);
    cout<<a<<","<<b<<","<<c<<endl;
    int x,y,z;
    sscanf("4,5$6","%d,%d$%d",&x,&y,&z);
    cout<<x<<","<<y<<","<<z<<endl;
    return 0;
}
```

17.string 对象与数值互相转换

string 对象与数值互相转换的代码如下：

```
#include <string>
#include <iostream>
#include <sstream>
using namespace std;
string convertToString(double x)
{
    ostringstream o;
    if (o<<x)
```

```
    return o.str();
    return "conversion error";
}
    double convertFromString(const string &s)
{
    istringstream i(s);
    double x;
    if(i>>x)
    return x;
    return 0;
}

int main()
{
    char b[10];
    string a;
    sprintf(b,"%d",1975);
    a=b;
    cout<<a<<endl;
    string cc=convertToString(1976);
    cout<<cc<<endl;
    string dd="2006";
    int p=convertFromString(dd)+2;
    cout<<p<<endl;
    return 0;
}
```

参考文献

[1] 朱承学，李锡辉.数据结构（C/C++描述）[M].北京：中国电力出版社，2007.

[2] 王晓东.算法设计与分析[M].北京：清华大学出版社，2013.

[3] 王晓东.算法与数据结构[M].北京：电子工业出版社，2015.

[4] Clifford A. Shaffer.数据结构与算法分析(C++版，英文原版)[M].2 版.北京：电子工业出版社，2002.

[5] 曹翊旺，朱承学.数据结构习题与真题解析[M].北京：中国水利水电出版社，2004.

[6] 陈松乔，肖建华.算法与数据结构[M].北京：清华大学出版社，2002.

[7] 陈雁.数据结构[M].2 版.北京：高等教育出版社，2004.

[8] 李春葆.数据结构习题与解析[M].北京：清华大学出版社，1999.

[9] 许卓群.数据结构[M].北京：中央广播电视大学出版社，2001.

[10] 肖建华.计算机数值算法与程序设计[M].北京：中国科技出版社，1997.

[11] 朱战立.数据结构[M].3 版.西安：西安交通大学出版社，2004.

[12] 肖建华.算法分析与设计[M].武汉：武汉理工大学出版社，2013.

[13] 钱能.C++程序设计教程[M].北京：清华大学出版社，2015.

[14] 刘瑾.高级语言 C++程序设计[M].北京：高等教育出版社，2001.

[15] Bjarne Stroustrup.C++程序设计语言（特别版）[M].裘宗燕，译，北京：机械工业出版社，2002.

[16] Frank L. Friedman,Elliot B. Koffman.C++精解和程序设计[M].4 版.北京：清华大学出版社，2005.

[17] Harvey M. Deitel,Paul J. Deitel.C++大学教程[M].2 版.邱仲潘，等，译.北京：电子工业出版社，2001.

[18] Richard C. Lee,William M. Tepfenh.C++面向对象开发[M].北京：机械工业出版社，2012.

[19] H.M.Deitel,P.J.Deitel.C++编程金典[M].3 版.北京：清华大学出版社，2014.

[20] H.M.Deitel,P.J.Deitel.C++程序设计教程[M].5 版.北京：清华大学出版社，2011.

[21] https://blog.csdn.net(CSDN 社区).